KALPESHKUMAR D. TANKODARA

Conhecimentos e adoção pelos agricultores da tecnologia de produção de grão-de-bico

KALPESHKUMAR D. TANKODARA

Conhecimentos e adoção pelos agricultores da tecnologia de produção de grão-de-bico

Um estudo do distrito de Junagadh do Estado de Gujarat, na Índia

ScienciaScripts

Imprint

Any brand names and product names mentioned in this book are subject to trademark, brand or patent protection and are trademarks or registered trademarks of their respective holders. The use of brand names, product names, common names, trade names, product descriptions etc. even without a particular marking in this work is in no way to be construed to mean that such names may be regarded as unrestricted in respect of trademark and brand protection legislation and could thus be used by anyone.

Cover image: www.ingimage.com

This book is a translation from the original published under ISBN 978-620-7-45448-8.

Publisher:
Sciencia Scripts
is a trademark of
Dodo Books Indian Ocean Ltd. and OmniScriptum S.R.L publishing group

120 High Road, East Finchley, London, N2 9ED, United Kingdom
Str. Armeneasca 28/1, office 1, Chisinau MD-2012, Republic of Moldova, Europe
Printed at: see last page
ISBN: 978-620-7-78548-3

Conteúdo

RESUMO...2

CAPÍTULO I 4

CAPÍTULO II 9

CAPÍTULO III 35

CAPÍTULO IV 43

CAPÍTULO V 62

CAPÍTULO VI 92

BIBLIOGRAFIA 101

APÊNDICE 106

RESUMO

Palavras-chave: Conhecimento, Adoção, Tecnologia de produção de grão-de-bico, Produtores de grão-de-bico

A área cultivada de grão-de-bico está a aumentar todos os anos, uma vez que é uma das mais importantes culturas de leguminosas da Índia, devido à sua importância qualitativa e quantitativa. No entanto, o seu rendimento médio nos campos dos agricultores é inferior ao seu rendimento potencial nas estações de investigação. A principal razão para a baixa produção é a falta de conhecimentos e a adoção de tecnologias de produção de grão-de-bico melhoradas ou recomendadas. Por conseguinte, valeu a pena realizar um estudo intitulado "Conhecimento e adoção pelos agricultores da tecnologia de produção de grão-de-bico no distrito de Junagadh". Este estudo foi realizado com os seguintes objectivos específicos: estudar as características pessoais, socioeconómicas, comunicacionais, psicológicas e situacionais dos produtores de grão-de-bico, bem como estudar o grau de conhecimento e de adoção da tecnologia recomendada para a produção de grão-de-bico, estudar a associação entre o conhecimento e a adoção da tecnologia de produção de grão-de-bico pelos produtores de grão-de-bico e as características seleccionadas, descobrir os constrangimentos e procurar sugestões dos inquiridos para ultrapassar os constrangimentos com que se deparam.

Foi efectuado um estudo no distrito de Junagadh, no Estado de Gujarat. Para realizar os objectivos do estudo, foram seleccionados propositadamente 4 talukas onde as áreas de cultivo de grão-de-bico eram mais elevadas, bem como uma área familiar para o investigador. Foram seleccionadas aleatoriamente 3 aldeias de cada talukas e 10 inquiridos de cada aldeia selecionada foram seleccionados aleatoriamente como amostra. Assim, foi estudado um total de 120 produtores de grão-de-bico. Os dados foram recolhidos através do método de entrevista pessoal. Os dados assim recolhidos foram codificados, classificados e analisados em tabelas, a fim de se chegar a conclusões significativas.

Os resultados do estudo revelaram que mais de metade (53,33 por cento) dos produtores de grão-de-bico eram de meia-idade, 43,33 por cento tinham educação até ao nível do ensino médio ou secundário; enquanto a maioria dos inquiridos tinha experiência agrícola média (60,00 por cento), participação social média (70,00 por cento), tamanho médio da propriedade (46,67 por cento), rendimento anual médio (38.33 por cento), participação média na extensão (61,67 por cento), exposição média aos meios de comunicação social (62,50 por cento), capacidade de inovação média (65,84 por cento), orientação científica média (54,17 por cento), orientação de risco média (57,50 por cento), potencialidade de irrigação média (47,50 por cento), intensidade de cultivo média (50,83 por cento) e índice de rendimento médio (54,17 por cento).

A maioria (71,67%) dos inquiridos tinha um nível de conhecimento médio, seguido de 15,83% e 12,50% dos inquiridos com um nível de conhecimento alto e baixo, respetivamente. A maioria (64,14%) dos inquiridos tinha um nível médio de adoção, seguido de 21,67% e 14,16% de inquiridos com um nível baixo e alto de adoção da tecnologia de produção de grão-de-bico recomendada.

Os dados sobre a adoção de práticas revelaram que o nível de adoção foi mais elevado em práticas como a preparação da terra e assegurou a classificação 1st, seguida do espaçamento (classificação II), tempo de sementeira (classificação III), monda e intercultura (classificação IV), taxa de sementes (classificação V), colheita (classificação VI), armazenamento (posição VII), tratamento de sementes (posição VIII), aplicação de fertilizantes químicos (posição IX), irrigação (posição X), variedade melhorada (posição XI), controlo de doenças (posição XII), controlo de pragas (posição XIII), biofertilizantes (posição XIV) e micronutrientes e reguladores de crescimento de plantas (posição XV).

Das catorze variáveis independentes, a participação na extensão e o índice de rendimento tiveram uma associação positiva e altamente significativa, ao passo que a educação, a experiência agrícola, a participação social, o rendimento anual, a exposição aos meios de comunicação social, a capacidade de inovação, a orientação científica, a orientação para o risco, a potencialidade de irrigação e a intensidade da cultura tiveram uma associação positiva e significativa, ao passo que a idade e a dimensão da propriedade tiveram uma associação positiva e não significativa com o conhecimento e a adoção de tecnologias de produção de grão-de-bico pelos agricultores.

Os principais constrangimentos enfrentados pelos inquiridos foram: custo elevado dos factores de produção agrícola, indisponibilidade de preços de mercado adequados para os produtos agrícolas, baixa produção devido à infeção por pragas e doenças, custo elevado da mão de obra, falta de conhecimentos adequados sobre variedades melhoradas e destruição da cama de sementes por animais perigosos.

As principais sugestões oferecidas pelos inquiridos foram: os insumos de produção devem ser fornecidos a uma taxa subsidiada, os produtos devem ser comprados pelo governo a um preço razoável, fornecer conhecimentos técnicos sobre inseticida, fungicida e herbicida, devem ser desenvolvidos projectos de recolha de água e deve ser organizado um maior número de programas de formação ao nível da aldeia.

CAPÍTULO I

INTRODUÇÃO

A agricultura desempenha o papel mais importante na sustentabilidade dos meios de subsistência. É uma importante fonte de rendimento que fornece matérias-primas básicas aos seres humanos e a várias indústrias de base agrícola. Continua a ser o pilar da economia indiana e um antídoto eficaz contra a pobreza e o desemprego. Reconhecendo a importância da agricultura para o desenvolvimento económico do país, foram envidados esforços sustentados para melhorar a agricultura após a independência da Índia em sucessivos planos quinquenais. A situação da agricultura na Índia sofreu uma rápida mudança com o avanço da melhoria tecnológica através de actividades de investigação e extensão. A agricultura indiana, que durante muito tempo foi vista como uma ocupação de subsistência e um modo de vida dos camponeses, está agora a ser rapidamente comercializada. Atualmente, com o avanço da tecnologia agrícola, a agricultura tornou-se cada vez mais intensiva em termos de aumento da produtividade, tanto da terra como do trabalho humano.

A autossuficiência na produção de cereais alimentares, incluindo leguminosas e óleos alimentares, não é um feito pequeno se considerarmos a tendência constante de crescimento da população. As superfícies irrigadas e a intensidade das culturas aumentaram constantemente. As exportações de produtos agrícolas permitiram-nos importar maquinaria e cereais alimentares. Depois de alcançar a autossuficiência na produção de cereais alimentares, foram tomadas várias decisões políticas para dar grande prioridade à produção de leguminosas.

Durante os vários períodos do plano, registou-se um crescimento considerável da produção de leguminosas em termos de um aumento múltiplo do volume de produção. Apesar destes progressos notáveis, o país não conseguiu satisfazer as necessidades da população em matéria de leguminosas. Tal deveu-se principalmente à não adoção judicial de uma tecnologia melhorada de produção de leguminosas. Em consequência, o produtor não conseguiu obter um rendimento ótimo, o que resultou em baixos lucros e baixos rendimentos, com um crescimento estagnado do rendimento. A estagnação da produção de leguminosas levou a um declínio do consumo per capita nos últimos anos.

As leguminosas para grão, em especial as leguminosas secas, desempenham um papel vital no fornecimento das necessidades quantitativas e qualitativas de proteínas a uma grande parte da população. A sua produção e consumo são importantes para manter a segurança alimentar. Entre as leguminosas, o grão-de-bico (*Cicer arientinum* L.) é uma cultura importante, vulgarmente conhecida por *chana* no Rajastão, Bihar, Uttar Pradesh e Gujarat; *chhole* no Punjab; *boot* em Orissa; *harbara* em Maharashtra e *kadale* em Karnataka. Em inglês, é conhecido como Chickpea, Bengal gram ou simplesmente gram. No subcontinente indiano, as gramas com sementes grandes de cor branco-salmão são popularmente designadas por tipo *kabuli* e as cultivares com sementes pequenas de cores diferentes são conhecidas por tipo *desi*.

Considera-se que a origem da cultura é a Ásia Ocidental, de onde se espalhou para a Índia e outras partes do mundo (Rathore e Sharma, 2003). O nome "Chanaka" (*Cicer arietienum* L.) na literatura sânscrita mostra que o cultivo desta leguminosa tem estado em voga na Índia desde tempos muito antigos, quando era utilizada pelas "sociedades de caçadores-recolectores" para alimentação e sustento das suas comunidades.

O grão-de-bico pertence à família Leguminoseae. Trata-se de uma planta herbácea pequena e muito ramificada. O grão-de-bico indiano foi classificado em dois grandes grupos:

i. *Cicer aritinum* **L. (grama *Desi*, ou seja, grama castanha): A** grama *Desi* é o principal tipo cultivado na Índia. Neste grupo, a cor das sementes varia entre o amarelo e o castanho escuro. Os tipos Desi são variedades com sementes pequenas, que requerem 95 a 105 dias para amadurecer e representam 80 a 85 por cento da produção mundial.

ii. *Cicer kiabulium* **(grama *Kabuli*, ou seja, grama branca):** Os tipos *Kabuli* são variedades de sementes grandes, que necessitam de 100 a 110 dias para atingir a maturidade. Neste grupo, a cor da semente é geralmente branca, arrojada e atractiva.

O grão-de-bico é cultivado principalmente em países como a Índia, o Paquistão, a Etiópia, o México, a Birmânia, a Espanha, Marrocos, a Turquia, o Irão e a Tanzânia. É a cultura de leguminosas mais importante da Índia. Só a Índia possui quase 75% da área cultivada e da produção mundial de grão-de-bico. Na Índia, a área cultivada com grão-de-bico foi de 8,39 milhões de hectares, com uma produção de 7,06 milhões de toneladas e uma produtividade de 840 kg/ha durante o *rabi* de 2015-16. Em Gujarat, a área cultivada com grão-de-bico foi de 0,12 milhões de hectares, com uma produção total de 0,15 milhões de toneladas e uma produtividade de 1330 kg/ha em 2015-16. Madhya Pradesh, Uttar Pradesh, Rajasthan, Maharashtra, Gujarat, Andhra Pradesh e Karnataka são os principais estados produtores de grão-de-bico da Índia (Dixit, 2017). Cerca de uma dúzia de variedades de leguminosas são cultivadas na Índia, sendo as mais populares o grão-de-bico, o tur ou arhar, o moong, as lentilhas e a grama preta. O grão-de-bico domina com mais de 40 por cento da área, seguido do *tur* com 20 por cento. As outras leguminosas importantes cultivadas incluem o feijão-frade, a traça, as ervilhas e a grama-forrageira. Destas, a turfa, a urd e a moonga são cultivadas principalmente na estação *kharif* e o grão-de-bico na estação *rabi*. Algumas leguminosas de curta duração são também cultivadas no período intermédio entre a *kharif* e *a rabi* e entre a *rabi* e o verão.

Entre as várias leguminosas, o grão-de-bico é um dos ingredientes básicos da dieta da grande maioria da população indiana, uma vez que a quantidade comparativamente mais elevada de proteínas de qualidade nas suas sementes proporciona uma mistura perfeita de elevado valor biológico quando complementada com cereais. As sementes de grão-de-bico contêm aminoácidos essenciais como a isoleucina, a leucina, a lisina, a fenilalanina e a valina (Karim e Fattah, 2006). É também uma fonte rica de cálcio, fósforo, vitaminas e ferro. O grão-de-bico é utilizado para purificar o sangue. Espalha-se um pano sobre as plantas de grão-de-bico durante uma noite para recolher o líquido acrílico com orvalho, este líquido contém ácido melânico e oxálico que é utilizado para a purificação do sangue.

O grão-de-bico é utilizado como dal na forma dividida e as sementes inteiras fritas ou cozidas também são consumidas. O grão-de-bico verde imaturo também é utilizado como legume e a sua farinha é um ingrediente importante em aperitivos e doces na Índia. Não só é uma importante fonte de proteínas na alimentação humana, como também desempenha um papel significativo na manutenção da fertilidade do solo, através da fixação biológica do azoto (Ali, 2002). A casca e os pedaços de dal são utilizados como alimento nutritivo para os animais. Também fornece forragens verdes e secas palatáveis e concentrados para animais de leite e de tração. O cultivo do grão-de-bico pode contribuir para a diversificação do ciclo convencional de amendoim-trigo que prevalece na região de Saurashtra, no Estado de Gujarat.

O grão-de-bico é uma cultura de inverno que requer um clima fresco e seco. As geadas que ocorrem na altura da floração fazem com que a flor não desenvolva sementes. Chuvas excessivas pouco depois da sementeira ou durante a floração, a frutificação ou a maturação provocam grandes perdas de rendimento. É mais adequado para zonas com precipitação moderada de 65 a 100 cm por ano. A cultura do grão-de-bico semeada tardiamente é afetada pelo clima estival, que provoca uma maturação precoce e reduz o rendimento, pelo que a época ideal para a sementeira é a segunda quinzena de outubro ou a primeira semana de novembro.

A geografia e o clima de Gujarat são únicos e abençoados com vários recursos naturais. Gujarat situa-se na costa ocidental da Índia, com a mais longa costa marítima de 1600 km do Mar Arábico. Situa-se entre 20°1' e 24°7' de latitude norte e 68°4' e 74°4' de longitude leste, cobrindo uma área geográfica de 196 lakh hectares, o que corresponde a 6 por cento do país. Gujarat tem um clima tropical e subtropical, com temperaturas que variam entre um mínimo de 13°C e 27°C em janeiro e um máximo de 45°C em maio-junho. A precipitação anual normal do Estado de Gujarat é de 852 mm; no entanto, existe uma grande variação anual na precipitação, que afecta a produtividade das culturas (Anon., 2011).

Quase todas as zonas do Estado de Gujarat, incluindo Gujarat do Norte, Gujarat Médio, Saurashtra e Gujarat do Sul, são as principais zonas produtoras de grão-de-bico.

Quadro 1: Superfície total semeada de grão-de-bico durante o ano de 2017-18 em várias zonas de

Estados de Gujarat

Sr. nº.	Zona do estado de Gujarat	Área (00 ha)
1.	Kutch	2
2.	Gujarate do Norte	301
3.	Médio Gujarat	933
4.	Saurashtra	**1397**
5.	Gujarate do Sul	323
Total		**2956**

(Fonte: Anon., 2018a)

Saurashtra é uma das zonas de produção de grão-de-bico mais importantes do Estado. Quase todos os distritos da zona de Saurashtra, incluindo Surendranagar, Rajkot, Jamnagar, Porbandar, Gir-somnath e Junagadh, são importantes distritos produtores de grão-de-bico (Anon., 2018a). Entre eles, Junagadh é um dos notáveis distritos produtores de grão-de-bico da zona de Saurashtra, bem como do estado de Gujarat. Os agricultores do distrito são pioneiros no cultivo do grão-de-bico. O distrito é composto por 9 talukas, das quais Maliya, Keshod, Mangrol, Mendarda, Junagadh, Vanthali, Manavadar, Visavadar e Bhesan são as principais áreas de cultivo de grão-de-bico devido às condições favoráveis do solo e do clima (Anon., 2018b).

1.1 DESCRIÇÃO DO PROBLEMA

O desenvolvimento da agricultura depende da difusão e da adoção dos recentes avanços tecnológicos na agricultura. O progresso tecnológico na agricultura tem capacidades e potencialidades de crescimento. Apesar dos recentes desenvolvimentos no domínio da tecnologia agrícola, a situação é delicadamente equilibrada entre o aumento da população e o aumento da produção alimentar. A atual taxa de produção agrícola poderia ser duplicada se as novas tecnologias disponíveis fossem transferidas para os agricultores para serem adoptadas.

O rendimento médio do grão-de-bico em Gujarat, entre 2011 e 2016, é de 1187 kg/ha (Anon.,

2018a), muito inferior ao rendimento obtido na parcela de demonstração e na estação de investigação, que é de 1800 a 2000 kg/ha de grão-de-bico de sequeiro e de 2300 a 2700 kg/ha de grão-de-bico de regadio. Isto pode dever-se à adoção parcial da tecnologia de produção e à falta de conhecimentos sobre o cultivo do grão-de-bico em geral.

A Índia, sendo o maior produtor de grão-de-bico, ocupa uma posição de grande prestígio no mundo. Por conseguinte, existe uma enorme oportunidade para aumentar a produção da cultura do grão-de-bico através da adoção de práticas de cultivo melhoradas e adequadas. Isto só parece possível quando os cultivadores adoptam a tecnologia de produção de grão-de-bico recomendada de acordo com as suas preferências. Por conseguinte, é mais do que tempo de avaliar o nível de conhecimento e o grau de adoção da tecnologia de produção de grão-de-bico recomendada pelos agricultores.

No presente estudo, procurou-se conhecer os conhecimentos e a adoção pelos agricultores da tecnologia de produção de grão-de-bico. Assim, foi realizado um estudo sobre **"Conhecimentos e adoção pelos agricultores da tecnologia de produção de grão-de-bico no distrito de Junagadh"** com objectivos específicos.

1.2 OBJECTIVOS DO ESTUDO

1. Estudar as características pessoais, socioeconómicas, comunicacionais, psicológicas e situacionais dos produtores de grão-de-bico

2. Avaliar o nível de conhecimento dos produtores de grão-de-bico sobre a tecnologia recomendada para a produção de grão-de-bico

3. Conhecer o grau de adoção da tecnologia recomendada para a produção de grão-de-bico

4. Estudar a associação entre as características seleccionadas dos produtores de grão-de-bico e os seus conhecimentos sobre a tecnologia de produção de grão-de-bico

5. Estudar a associação entre as características seleccionadas dos produtores de grão-de-bico e o seu grau de adoção da tecnologia de produção de grão-de-bico

6. Descobrir os constrangimentos enfrentados pelos produtores de grão-de-bico na adoção da tecnologia de produção de grão-de-bico recomendada

7. Procurar sugestões junto dos produtores de grão-de-bico para ultrapassar os constrangimentos que enfrentam na adoção da tecnologia de produção de grão-de-bico recomendada

1.3 SIGNIFICADO DO ESTUDO

A prosperidade, onde quer que seja, deve-se a várias dádivas da ciência e da tecnologia. A espinha dorsal do nosso país só pode ser reforçada através de novas inovações no domínio da investigação agrícola e da sua adoção pelos agricultores para aumentar a produtividade por unidade de superfície. Existe um grande fosso entre a tecnologia disponível e a sua adoção efectiva pelos utilizadores.

O grão-de-bico é uma das principais culturas de leguminosas de *rabi* do Estado de Gujarat em geral e do distrito de Junagadh em particular. No entanto, o rendimento médio nos campos dos agricultores é bastante baixo em comparação com o rendimento das parcelas de demonstração. Os agricultores que cultivam grão-de-bico podem aumentar a produção de grão-de-bico através da adoção de novas variedades com práticas melhoradas.

Presume-se que o conhecimento de novas tecnologias agrícolas e a sua adoção sejam influenciados por atributos pessoais, socioeconómicos, comunicacionais, psicológicos e situacionais de um indivíduo, o que ajudará o pessoal da extensão a abordar o tipo certo de agricultores para estimular o interesse e formar uma atitude positiva em relação à adoção de novas inovações agrícolas. O estudo centrou-se nas várias características dos produtores de grão-de-bico, bem como nos seus conhecimentos e na sua situação em termos de adoção. A informação relativa aos constrangimentos e sugestões quanto à adoção de tecnologias de produção de grão-de-bico servirá de orientação para modificar e reestruturar a futura estratégia de investigação e extensão.

Este estudo também será útil para as agências de extensão na modificação e qualificação das suas formas de educar os agricultores, conhecendo os factores importantes que promovem o conhecimento e o grau de adoção das práticas recomendadas para a cultura do grão-de-bico. Esta investigação tem grande significado e importância na criação de dados baseados na compreensão total dos factores associados ao conhecimento e à adoção e também para o curso de ação a empreender no futuro. Espera-se que as conclusões sobre este assunto possam ajudar os extensionistas a planear eficazmente a estratégia de comunicação e, assim, colmatar rapidamente as lacunas de conhecimento e de adoção.

1.4 LIMITAÇÕES DO ESTUDO

1. O estudo limitou-se a uma área selecionada do distrito de Junagadh, no estado de Gujarat.
2. O estudo baseou-se na perceção individual e na opinião expressa dos inquiridos.
3. O estudo baseou-se apenas nas respostas verbais dos inquiridos.
4. O estudo foi limitado a apenas 120 inquiridos de quatro talukas do distrito de Junagadh.
5. O estudo limitou-se apenas aos produtores de grão-de-bico.

1.5 UTILIDADE PRÁTICA DO PROBLEMA DE INVESTIGAÇÃO

1. Os resultados deste estudo podem revelar-se benéficos para conhecer as características pessoais, socioeconómicas, comunicacionais, psicológicas e situacionais dos produtores de grão-de-bico, o que servirá de orientação para os planeadores e agências de extensão no planeamento e implementação de programas relacionados com a tecnologia de produção de grão-de-bico.

2. Os resultados do estudo serão úteis para determinar as necessidades de informação dos agricultores sobre a tecnologia melhorada de produção de grão-de-bico.

3. Os resultados do estudo serão úteis para os decisores políticos e administradores na divulgação da tecnologia de produção de grão-de-bico melhorada entre os agricultores.

1.6 APRESENTAÇÃO DO ESTUDO

A tese é apresentada em seis capítulos. O primeiro capítulo trata da introdução, do enunciado do problema, dos objectivos do estudo, da importância do estudo, das limitações do estudo e da utilidade prática do estudo. O segundo capítulo apresenta uma revisão de estudos seleccionados importantes e relacionados com o estudo. O terceiro capítulo é a orientação teórica, que trata do quadro concetual do estudo, da identificação das variáveis, das definições de alguns termos comuns e do paradigma. O quarto capítulo é a metodologia de investigação, que trata do local do estudo, da conceção da investigação, do processo de amostragem, da seleção e medição das variáveis, da construção e pré-teste do programa de entrevistas, dos métodos de recolha de dados, da análise dos dados e da formulação das hipóteses de investigação. O quinto capítulo trata dos resultados e da discussão do estudo. O sexto capítulo sintetiza as conclusões e as suas implicações e apresenta sugestões para futuras investigações. A bibliografia e os anexos são apresentados no final.

CAPÍTULO II

REVISÃO DA LITERATURA

O principal objetivo deste capítulo é apresentar alguns dos estudos de investigação recentes que estão relacionados com o presente inquérito. Até à data, são muito poucos os estudos realizados e comunicados na Índia sobre este aspeto. No entanto, foram feitas tentativas para recolher resultados de investigação relacionados com este tema, que são apresentados à luz dos objectivos nos seguintes pontos.

2.1 As características pessoais, socioeconómicas, comunicacionais, psicológicas e situacionais dos produtores de grão-de-bico

2.2 Nível de conhecimento dos produtores de grão-de-bico sobre a tecnologia de produção de grão-de-bico recomendada

2.3 Grau de adoção da tecnologia recomendada para a produção de grão-de-bico

2.4 Associação entre as características seleccionadas dos produtores de grão-de-bico e os seus conhecimentos sobre a tecnologia de produção de grão-de-bico

2.5 Associação entre as características seleccionadas dos produtores de grão-de-bico e o seu grau de adoção da tecnologia de produção de grão-de-bico

2.6 Constrangimentos enfrentados pelos produtores de grão-de-bico na adoção da tecnologia de produção de grão-de-bico recomendada

2.7 Sugestões dos produtores de grão-de-bico para ultrapassar os constrangimentos que enfrentam na adoção da tecnologia de produção de grão-de-bico recomendada

2.8 CARACTERÍSTICAS SELECCIONADAS DOS INQUIRIDOS

2.1.1 Características pessoais

2.1.1.1 Idade

Patel (2006) revelou que um pouco menos de metade (48,80 por cento) dos produtores de feijão-frade pertenciam a um grupo de meia-idade, seguido de 27,20 e 24,00 por cento que pertenciam a um grupo de idade avançada e jovem, respetivamente.

Kamani (2007) revelou que mais de dois terços (70,00 por cento) dos agricultores biológicos se encontravam na faixa etária média, enquanto 20,72 por cento e 09,28 por cento dos agricultores se encontravam nas faixas etárias jovem e idosa, respetivamente.

Kumbhani (2009) referiu que menos de metade dos produtores de coentros (45,63%) pertenciam ao grupo de meia-idade, enquanto 34,37% e 20,00% dos inquiridos pertenciam aos grupos etários jovem e idoso, respetivamente.

Gohil (2010) observou que quase metade (46,00 por cento) dos produtores de algodão pertencia ao grupo de meia-idade, seguido pelo grupo de idade avançada (37,50 por cento) e jovem (16,50 por cento).

Khodifad (2010) revelou que um pouco mais de três quintos (61,88%) dos inquiridos pertenciam ao grupo de meia-idade, seguido do grupo de idade avançada (21,87%) e do grupo de idade jovem (16,25%).

Rajput (2010) revelou que um pouco menos de dois quintos (38,33%) dos produtores de grão-de-bico pertenciam ao grupo de meia-idade, seguidos por 35,00 e 26,67% que pertenciam aos grupos de jovens e idosos, respetivamente.

Divakar (2011) constatou que a maioria (65,33%) dos produtores de grão-de-bico pertencia ao grupo de meia-idade, seguido do grupo de jovens (18,67%) e do grupo de idosos (16,00%).

Gorfad (2012) revelou que a maioria (65,00 por cento) dos inquiridos pertencia ao grupo da meia-idade, seguido de 21,11 e 13,89 por cento que pertenciam aos grupos da terceira idade e da juventude, respetivamente.

Mavani (2012) revelou que mais de dois quintos (43,33 por cento) dos produtores de amendoim estavam na faixa etária média, enquanto 32,50 e 24,16 por cento deles estavam na faixa etária jovem e idosa, respetivamente.

Hadiya (2013) revelou que a maioria (58,33%) dos inquiridos pertencia à faixa etária média, seguida de 25,00 e 16,67% dos inquiridos que pertenciam à faixa etária idosa e jovem, respetivamente.

Patel (2016) relatou que mais da metade (53,33 por cento) dos produtores de algodão com sistema de irrigação por gotejamento pertenciam à faixa etária média, enquanto 42,78 por cento dos produtores de algodão com sistema de irrigação por gotejamento pertenciam à faixa etária avançada e 3,89 por cento dos produtores de algodão com sistema de irrigação por gotejamento pertenciam à faixa etária jovem.

Dhakad (2016) revelou que 48,33% dos produtores de grão-de-bico pertenciam à faixa etária intermédia, seguidos de 40,00% na faixa etária avançada e 11,67% dos inquiridos pertenciam à faixa etária jovem.

Lohare (2017) constatou que 44,50 por cento dos produtores de grão-de-bico pertenciam ao grupo de meia-idade, seguido pelo grupo de idade avançada (37,00 por cento) e pelo grupo de idade jovem (18,50 por cento).

2.1.1.2 Educação

Chavda (2007) revelou que a maioria (71,00 por cento) dos produtores de amendoim tinha um nível de educação médio, seguido de 17,00 por cento dos inquiridos com um nível de educação baixo e 12,00 por cento com um nível de educação elevado.

Dalsaniya (2010) revelou que mais de metade (55,83%) dos produtores de gergelim tinham formação até ao nível primário, enquanto 26,67% dos inquiridos eram analfabetos, 13,33% dos produtores de gergelim tinham formação até ao ensino secundário superior e 04,17% dos produtores de gergelim tinham formação até à licenciatura.

Gohil (2010) revelou que um pouco menos de um terço (32,50 por cento) dos inquiridos possuía habilitações literárias até ao nível secundário, enquanto 27,00 por cento e 26,00 por cento dos inquiridos pertenciam ao ensino superior e ao ensino primário, respetivamente. Apenas 14,50 por cento dos inquiridos eram analfabetos.

Khodifad (2010) revelou que mais de metade (52,50 por cento) dos produtores de amendoim tinham educação de nível médio ou secundário, seguido de 27,50 por cento com educação até ao nível primário, quase um décimo (11,87 por cento) dos inquiridos eram analfabetos. Apenas alguns inquiridos (08,13 por cento) tinham educação até ao nível secundário superior.

Rajput (2010) revelou que 25,80 por cento dos inquiridos possuíam o ensino secundário superior, seguidos de 24,17 por cento com o ensino secundário, 19,17 por cento com o ensino médio ou secundário, 14,16 por cento com o ensino primário, 11,67 por cento com o ensino superior e apenas 05,00 por cento eram analfabetos.

Gorfad (2012) revelou que um pouco mais de um quarto (26,67 por cento) dos inquiridos possuía o ensino primário, seguido do ensino médio ou secundário (20,56 por cento), 18,89 por cento eram funcionalmente alfabetizados, 11,67 por cento apenas sabiam ler, 10,56 por cento tinham o ensino secundário superior, 07,78 por cento dos produtores de amendoim eram analfabetos e apenas 03,87 por cento tinham o ensino superior.

Humbal (2012) indicou que mais de metade (55,00 por cento) dos inquiridos possuía habilitações literárias até ao nível primário, enquanto 23,33 por cento dos inquiridos eram analfabetos, 15,83 por cento dos inquiridos possuíam habilitações literárias até ao nível secundário e apenas 05,83 por cento dos inquiridos possuíam habilitações literárias até ao nível secundário superior.

Invati (2012) revelou que, do total de inquiridos, 06,66% eram analfabetos, 12,50% eram funcionalmente alfabetizados, 20,83% tinham educação até ao nível primário, 21,66% tinham o nível médio e 30,83% tinham o ensino secundário. No entanto, apenas 07,52% dos inquiridos possuíam habilitações de nível superior.

Hadiya (2013) indicou que quase metade (44,17%) dos inquiridos possuía o ensino primário, seguido de 35,84% dos inquiridos com o ensino secundário, 11,00% dos inquiridos eram analfabetos, 07,00% dos inquiridos com o ensino secundário superior e apenas 05,00% dos inquiridos com o ensino superior.

Patel (2016) revelou que 46,12% dos agricultores tinham o nível secundário de educação, seguido de 22,22% de agricultores com educação até ao nível primário, 22,22% de agricultores com educação até ao nível de pós-graduação e 7,22% de agricultores com educação até ao nível secundário superior. Muito poucos agricultores (2,22%) eram analfabetos.

Dhakad (2016) revelou que, do total de inquiridos, 35,00 por cento eram analfabetos, 20,00 por cento tinham habilitações até ao ensino secundário superior, 17,50 por cento tinham habilitações até ao ensino primário, 15,00 por cento tinham habilitações até ao ensino secundário e 12,50 por cento tinham habilitações até ao ensino médio

Lohare (2017) revelou que 29,50% dos inquiridos tinham habilitações até ao nível do ensino médio ou secundário, seguidos de 22,00% de inquiridos com o ensino secundário, 17,50% de inquiridos analfabetos, 17,00% de inquiridos com o ensino primário e apenas 14,00% de inquiridos com o ensino secundário superior.

2.1.1.3 Experiência agrícola

Jadav (2005) observou que mais de metade (56,00 por cento) dos produtores de mangas tinham uma experiência agrícola média, seguida de 17,00 e 7,00 por cento que tinham uma experiência agrícola alta e baixa, respetivamente.

Rathod (2009) concluiu que quase metade (47,50 por cento) dos produtores de malagueta tinha um elevado nível de experiência agrícola, seguido de 35,00 por cento e 17,50 por cento com um nível médio e baixo de experiência no cultivo da malagueta, respetivamente.

Gohil (2010) revelou que um pouco menos de dois terços (65,00 por cento) dos inquiridos tinham uma experiência agrícola média, seguindo-se 19,00 e 16,00 por cento dos inquiridos com uma experiência agrícola baixa e alta, respetivamente.

Dhakad (2016) revelou que 45,00 por cento dos inquiridos tinham uma experiência agrícola elevada, seguida de uma experiência agrícola média (37,50 por cento) e baixa (17,50 por cento).

Lohare (2017) revelou que a maioria (62,50 por cento) dos inquiridos tinha uma experiência agrícola média no cultivo de grão-de-bico, seguida de uma experiência agrícola elevada (22,00 por cento) e de uma experiência agrícola baixa (15,50 por cento).

Raviya (2017) revelou que dois terços (66,67%) dos inquiridos tinham uma experiência agrícola média, enquanto 20,00 e 13,33% dos inquiridos tinham uma experiência agrícola elevada e baixa, respetivamente.

2.1.2 Características socioeconómicas

2.1.2.1 Participação social

Chavda (2006) referiu que um pouco mais de três quintos (61,11%) dos inquiridos tinham uma participação social média, seguida de uma participação social elevada (22,22%) e baixa (16,67%).

Savaliya (2007) revelou que mais de dois terços (70,00 por cento) dos inquiridos tinham um nível médio de participação social, seguido de uma participação social elevada (20,56 por cento) e baixa (09,44 por cento).

Dalsaniya (2010) revelou que mais de metade (53,33%) dos produtores de sésamo tinham um nível médio de participação social, seguido de um nível elevado (11,67%) e baixo (11,67%) de participação social.

Gohil (2010) revelou que a maioria (69,50%) dos inquiridos tinha uma participação social média, enquanto 16,00 e 14,50% dos inquiridos tinham uma participação social elevada e baixa, respetivamente.

Khodifad (2010) revelou que a maioria (70,00 por cento) dos inquiridos tinha um nível médio de participação social, seguido de 18,75 por cento dos inquiridos com um nível baixo de participação social e 11,25 por cento com um nível elevado de participação social.

Rajput (2010) revelou que 46,66% dos inquiridos tinham uma participação social média, seguidos de 31,67% dos produtores de grão-de-bico que tinham uma participação social baixa e 21,67% que tinham uma participação social elevada.

Humbal (2012) revelou que mais de metade (52,50%) dos inquiridos tinha um nível médio de participação social, seguido de uma participação social baixa (33,33%) e alta (14,16%).

Koli (2012) revelou que a maioria (75,00 por cento) dos produtores de coco tinha uma participação social média, seguida de 21,30 e 3,70 por cento de produtores de coco com uma participação social elevada e baixa, respetivamente.

Hadiya (2013) revelou que quase três quintos (59,17 por cento) dos produtores de amendoim tinham um nível médio de participação social, seguido de 29,17 e 11,66 por cento que tinham um nível baixo e alto de participação social, respetivamente.

Dhakad (2016) revelou que um pouco menos de metade (49,17%) dos inquiridos tinha uma participação social média, seguida de uma participação social elevada (28,33%) e baixa (22,50%).

Lohare (2017) referiu que 47,50 por cento dos inquiridos tinham uma participação social baixa, seguida de uma participação social média (46,00 por cento) e de uma participação social elevada (06,50 por cento).

2.1.2.2 Exploração das terras

Bharad (2007) revelou que três quintos (60,50 por cento) dos produtores de manga tinham uma exploração fundiária de dimensão média, seguida de 31,00 e 8,50 por cento que tinham uma exploração fundiária pequena e grande, respetivamente.

Savaliya (2007) observou que 40,00 por cento e 36,67 por cento dos inquiridos pertenciam à categoria de pequenas e médias explorações agrícolas, respetivamente. Por outro lado, 18,89% e 4,44% dos inquiridos pertenciam à categoria de proprietários marginais e grandes, respetivamente.

Parmar (2006) observou que quase metade (48,67%) dos inquiridos possuía uma grande propriedade fundiária, seguida de 34,67% e 12,00% que possuíam uma propriedade fundiária média e pequena, respetivamente. Apenas 4,66% dos inquiridos pertenciam ao grupo das explorações de dimensão marginal.

Dalsaniya (2010) revelou que um pouco menos de dois terços (64,17%) dos produtores de gergelim possuíam uma exploração fundiária média, enquanto 20,00 e 15,83% dos inquiridos possuíam uma exploração fundiária pequena e grande, respetivamente.

Gohil (2010) indicou que metade (50,50%) dos inquiridos pertencia a um grupo de proprietários de terras de dimensão média, seguido de um grupo de proprietários de terras de dimensão grande (35,00%) e pequena (14,50%).

Rajput (2010) revelou que a maioria dos produtores de grão-de-bico (29,17%) tinha uma dimensão marginal da propriedade, seguida de 27,50%, 22,50% e 20,83% de produtores de grão-de-bico com uma dimensão pequena, média e grande da propriedade, respetivamente.

Solanki (2011) constatou que, do total de produtores de grão-de-bico, 40,00 por cento tinham uma exploração de terras de dimensão média, seguidos de 30,83 por cento de produtores de grão-de-bico de grande dimensão e 29,17 por cento de pequena dimensão.

Humbal (2012) revelou que quase dois terços (65,83%) dos inquiridos tinham uma exploração fundiária de dimensão média, enquanto 20,83% e 13,33% dos inquiridos tinham uma exploração fundiária de dimensão pequena e grande, respetivamente.

Invati (2012) revelou que 43,33% dos inquiridos tinham uma pequena dimensão de exploração fundiária, seguidos de 26,66% com uma dimensão média de exploração fundiária, 25,01% com uma dimensão grande de exploração fundiária e 5,00% com uma dimensão marginal de exploração fundiária.

Mavani (2012) relatou que a maioria (64,17 por cento) dos produtores de amendoim tinha uma dimensão média de propriedade de terra, enquanto 18,33 e 17,50 por cento dos inquiridos tinham uma dimensão pequena e grande de propriedade de terra, respetivamente.

Hadiya (2013) observou que mais de metade (55,83%) dos produtores de amendoim possuía uma propriedade média, enquanto 36,67% e 7,50% dos inquiridos possuíam uma propriedade grande e pequena, respetivamente.

Raviya (2017) revelou que um pouco mais de metade (52,50%) dos inquiridos possuía uma exploração fundiária de dimensão média, seguida de 36,70% e 10,80% com uma exploração fundiária de dimensão grande e pequena, respetivamente.

2.1.2.3 Rendimento anual

Kumbhani (2009) observou que três quintos (60,00 por cento) dos inquiridos tinham um rendimento anual médio, seguido de 23,12 por cento dos inquiridos com um rendimento baixo e 16,88 por cento dos inquiridos com um rendimento anual elevado.

Dalsaniya (2010) indicou que três quintos (62,50%) dos inquiridos tinham um rendimento anual médio, seguido de 25,00% dos inquiridos com um rendimento anual baixo e 12,50% dos inquiridos com um rendimento anual elevado.

Invati (2012) revelou que um pouco menos de metade (48,33%) dos inquiridos tinha um rendimento anual baixo, seguido de 26,66% com um rendimento anual elevado e 25,01% com um rendimento anual médio.

Koli (2012) revelou que mais de metade (52,78 por cento) dos produtores de coco tinham um rendimento anual médio, seguido de 33,33 e 13,89 por cento com um rendimento anual elevado e baixo, respetivamente.

Mavani (2012) revelou que um pouco mais de três quintos (61,67%) dos inquiridos tinham um rendimento anual médio, seguido de 25,83% dos inquiridos com um rendimento anual elevado e 12,50% dos inquiridos com um rendimento anual baixo.

Hadiya (2013) indicou que quase metade (46,67%) dos inquiridos tinha um rendimento anual médio, seguido de 33,33% dos inquiridos que pertenciam ao grupo de rendimento anual baixo e 20,00% dos inquiridos que pertenciam ao grupo de rendimento elevado.

Markana (2015) observou que exatamente metade dos inquiridos (50,00 por cento) tinha um rendimento anual médio, seguido de 30,00 por cento dos inquiridos que pertenciam ao grupo de rendimento anual baixo e 20,00 por cento dos inquiridos que pertenciam ao grupo de rendimento anual elevado.

Sangada (2015) revelou que 43,33% dos inquiridos tinham um rendimento anual médio, seguido de 30,83% dos inquiridos com um rendimento anual elevado e 25,33% dos inquiridos com um rendimento anual baixo.

Dhakad (2016) revelou que quase metade (46,67%) dos inquiridos tinha um rendimento anual médio, seguido de 35,83% com um rendimento anual elevado e 17,50% com um rendimento anual baixo.

Lohare (2017) referiu que 46,00 por cento dos inquiridos tinham um nível médio de rendimento anual, seguido de 33,00 por cento com um rendimento anual baixo e 21,00 por cento com um rendimento anual elevado.

2.1.3 Características de comunicação

2.1.3.1 Participação na extensão

Chavda (2005) concluiu que a maioria (84,00 por cento) dos produtores de algodão Bt. tinha um nível médio de participação na extensão, enquanto 08,00 por cento tinham uma participação baixa e 08,00 por cento tinham uma participação alta na extensão.

Kamani (2007) revelou que a maioria (74,28%) dos agricultores biológicos tinha um nível médio de participação na extensão, seguido de 15,72 e 10,00% que tinham um nível elevado e baixo de participação na extensão, respetivamente.

Savaliya (2007) revelou que mais de dois terços (68,89 por cento) dos inquiridos tinham uma participação média na extensão, enquanto 18,89 por cento e 12,22 por cento dos inquiridos tinham uma participação baixa e alta na extensão, respetivamente.

Jadeja (2008) revelou que quase três quintos (58,00 por cento) dos proprietários de nim tinham uma participação média na extensão, enquanto 23,00 por cento e 19,00 por cento deles tinham uma participação alta e baixa na extensão, respetivamente.

Kumbhani (2009) revelou que mais de metade (54,37%) dos produtores de coentros tinha uma participação média na extensão, enquanto 23,76% e 21,87% tinham uma participação alta e baixa na extensão, respetivamente.

Dalsaniya (2010) revelou que três quartos (75,00 por cento) dos produtores de gergelim tinham uma participação média na extensão, enquanto 22,50 e 2,50 por cento deles tinham uma participação baixa e alta na extensão, respetivamente.

Gohil (2010) revelou que mais de três quartos (79,50%) dos inquiridos tinham uma participação média na extensão, enquanto 11,50% e 9% dos inquiridos tinham uma participação alta e baixa na extensão, respetivamente.

Solanki (2011) revelou que um pouco menos de dois quintos (38,33%) dos inquiridos estavam na categoria de participação média na extensão, seguida da categoria de participação elevada na extensão (33,33%) e da categoria de participação baixa na extensão (28,33%).

Humbal (2012) referiu que mais de dois terços (68,33 por cento) dos inquiridos tinham uma participação média na extensão, enquanto 21,67 e 10,00 por cento deles tinham uma participação baixa e alta na extensão, respetivamente.

Invati (2012) revelou que 62,51% dos inquiridos tinham uma participação baixa na extensão, seguidos de 29,16% que tinham uma participação média na extensão e 8,33% que tinham uma participação elevada na extensão.

Hadiya (2013) descobriu que mais de metade (55,00 por cento) dos inquiridos tinha uma participação média na extensão, enquanto 27,50 e 17,50 por cento deles tinham uma participação alta e baixa na extensão, respetivamente.

Sangada (2015) revelou que mais de metade (52,50%) dos inquiridos tinham uma participação média na extensão, enquanto 25,00 e 20,00 por cento deles tinham uma participação alta e baixa na extensão, respetivamente.

Dhakad (2016) revelou que 38,33% dos inquiridos tinham uma participação baixa na extensão, seguidos de 35,00% que tinham uma participação elevada e 26,67% que tinham uma participação média na extensão.

Raviya (2017) revelou que a maioria (58,33%) dos inquiridos tinha uma participação média na extensão, enquanto 35,83% e 5,84% tinham uma participação elevada e baixa na extensão, respetivamente.

2.1.3.2 Exposição aos meios de comunicação social

Tavethiya (2006) revelou que três quintos (60,00 por cento) dos produtores de cominhos tinham uma exposição média aos meios de comunicação social, enquanto 20,00 por cento dos inquiridos tinham uma exposição baixa e 20,00 por cento dos inquiridos tinham uma exposição elevada aos meios de comunicação social.

Bharad (2007) revelou que mais de metade (53,50%) dos produtores de manga tinham um nível médio de exposição aos meios de comunicação social, enquanto 43,50% e 3% tinham um nível elevado e baixo de exposição aos meios de comunicação social, respetivamente.

Borole (2010) afirmou que mais de dois terços (63,53%) dos produtores de arroz tinham uma exposição média aos meios de comunicação social, seguidos de 24,71% e 11,76% com uma exposição elevada e baixa aos meios de comunicação social, respetivamente.

Rajput (2010) revelou que 40,00 por cento dos produtores de grão-de-bico tinham uma exposição média aos meios de comunicação social, seguidos de 35,83 por cento que tinham uma exposição elevada aos meios de comunicação social e 24,17 por cento que tinham uma exposição baixa aos meios de comunicação social.

Solanki (2011) revelou que 35,00 por cento dos produtores de grão-de-bico se encontravam na categoria de exposição média aos meios de comunicação social, seguida da categoria de exposição baixa (34,17 por cento) e alta (30,83 por cento) aos meios de comunicação social.

Humbal (2012) revelou que mais de metade (56,66%) dos inquiridos tinha um nível médio de exposição aos meios de comunicação social, enquanto 23,33% e 20,00% tinham um nível elevado e baixo de exposição aos meios de comunicação social, respetivamente.

Koli (2012) indicou que mais de três quintos (63,89%) dos produtores de coco tinham uma exposição média aos meios de comunicação social, seguidos de 22,22% e 13,89% que tinham uma exposição elevada e baixa aos meios de comunicação social, respetivamente.

Mavani (2012) revelou que mais de metade (56,67%) dos inquiridos tinha um nível médio de exposição aos meios de comunicação social, enquanto 25,00 e 18,33% tinham um nível elevado e baixo de exposição aos meios de comunicação social, respetivamente.

Dhakad (2016) revelou que 37,50% dos inquiridos tinham uma exposição média aos meios de comunicação social, seguidos de 33,33% e 29,17% de inquiridos com uma exposição baixa e elevada aos meios de comunicação social, respetivamente.

Lohare (2017) referiu que mais de metade dos inquiridos (56,50 por cento) tinha uma exposição média aos meios de comunicação social, seguida de uma exposição elevada aos meios de comunicação social (30,00 por cento) e de uma exposição reduzida aos meios de comunicação social (13,50 por cento).

Raviya (2017) revelou que a maioria (67,50%) dos inquiridos tinha um nível médio de exposição aos meios de comunicação social, enquanto 20,00% e 12,50% tinham um nível baixo e alto de exposição aos meios de comunicação social, respetivamente.

2.1.4 CARACTERÍSTICAS PSICOLÓGICAS
2.1.4.1 Inovação
Chavda (2005) revelou que a maioria (84,66%) dos produtores de algodão Bt. tinha uma capacidade de inovação média, seguida de 8,67% e 6,67% com um nível de inovação elevado e baixo, respetivamente.

Kamani (2007) revelou que 45,71% dos agricultores biológicos tinham um elevado grau de inovação, enquanto 35,72% e 18,57% tinham um grau de inovação médio e baixo, respetivamente.

Gohil (2010) observou que mais de dois quintos (43,00 por cento) dos inquiridos apresentavam um grau de inovação médio, seguido de 34,00 por cento e 23,00 por cento com um grau de inovação baixo e elevado, respetivamente.

Rajput (2010) revelou que a maioria dos produtores de grão-de-bico (53,33%) tinha uma capacidade de inovação média, seguida de uma capacidade de inovação baixa e alta, com 25,00% e 21,67%, respetivamente.

Solanki (2011) constatou que 38,33% dos produtores de grão-de-bico estavam na categoria de inovatividade média, seguidos por 35,00% de produtores de grão-de-bico na categoria de inovatividade alta e 26,67% na categoria de inovatividade baixa.

Humbal (2012) constatou que 49,17% dos inquiridos apresentavam um grau de inovação médio, enquanto 35,83% e 15,00% dos inquiridos apresentavam um grau de inovação elevado e baixo, respetivamente.

Mavani (2012) revelou que dois quintos (40,00 por cento) dos produtores de amendoim tinham uma capacidade de inovação média, enquanto 37,50 por cento e 22,50 por cento tinham uma capacidade de inovação alta e baixa, respetivamente.

Raviya (2017) revelou que 51,67% dos inquiridos apresentavam uma capacidade de inovação média, seguidos de 33,33% e 15,00% que apresentavam uma capacidade de inovação elevada e baixa, respetivamente.

2.1.4.2 Orientação científica
Makwana (2005) concluiu que um pouco mais de três quintos (62,00 por cento) dos produtores de banana tinham uma orientação científica média, enquanto 19,33 e 18,67 por cento dos produtores de banana tinham uma orientação científica alta e baixa, respetivamente.

Patel (2005) concluiu que três quintos (60,00 por cento) dos produtores de malagueta tinham uma orientação científica média, enquanto 22,00 por cento dos produtores de malagueta tinham uma orientação científica elevada e os restantes 18,00 por cento tinham uma orientação científica baixa.

Rabari (2006) concluiu que três quartos (76,66 por cento) dos produtores de tomate tinham um nível médio de orientação científica, seguido de 16,67 e 06,67 por cento que tinham um nível alto e baixo de orientação científica, respetivamente.

Athwale (2009) afirmou que a maioria (62,50%) dos produtores de ervilha-de-angola tinha uma orientação científica média, seguida de uma orientação científica baixa (20,84%) e alta (16,66%).

Rathod (2009) referiu que três quintos (60,00 por cento) dos produtores de malagueta tinham uma orientação científica média, seguidos de 23,34 por cento com uma orientação científica elevada e 16,66 por cento com uma orientação científica baixa.

Shitre (2010) revelou que mais de metade (55,00 por cento) dos produtores de batata tinham um nível médio de orientação científica, seguido de 28,33 por cento e 16,67 por cento que tinham um nível alto e baixo de orientação científica, respetivamente.

Invati (2012) revelou que a maioria (76,67 por cento) dos produtores de grão-de-bico tinha uma orientação científica elevada, seguida de 18,33 por cento com uma orientação científica média e 5,00 por cento com uma orientação científica baixa.

Sangada (2015) revelou que um pouco mais de metade (51,67 por cento) dos produtores de amendoim tinha uma orientação científica média, seguida de 35,00 por cento, 10,00 por cento e 3,33 por cento tinham uma orientação científica alta, muito alta e baixa, respetivamente.

Umretiya (2015) revelou que 44,17% dos produtores de grão-de-bico tinham um nível médio de orientação científica, seguido de um nível elevado de orientação científica (32,50%) e de um nível baixo de orientação científica (23,33%).

Dhakad (2016) revelou que dois quintos (40,83%) dos inquiridos tinham uma orientação científica média, enquanto 32,50% e 26,67% dos inquiridos tinham uma orientação científica baixa e alta, respetivamente.

Lohare (2017) constatou que quase metade dos inquiridos (46,50 por cento) tinha uma orientação científica média, seguida de uma orientação científica baixa (29,00 por cento) e de uma orientação científica elevada (24,50 por cento).

Raviya (2017) revelou que mais de metade (52,50%) dos produtores de algodão tinham uma orientação científica elevada e 33,33% dos produtores de algodão tinham uma orientação científica média, seguidos de 09,16%, 04,16% e 0,85% que tinham uma orientação científica muito elevada, baixa e muito baixa, respetivamente.

2.1.4.3 Orientação para o risco

Chauhan (2008) indicou que um pouco menos de dois terços (64,38%) dos agricultores biológicos tinham um nível médio de orientação para o risco, enquanto 18,87% e 16,65% tinham um nível elevado e baixo de orientação para o risco, respetivamente.

Gohil (2010) constatou que a maioria (63,00 por cento) dos inquiridos pertencia à categoria de orientação para o risco médio, seguida da categoria de orientação para o risco baixo (20,50 por cento) e da categoria de orientação para o risco elevado (16,50 por cento).

Khodifad (2010) constatou que a maioria (73,75%) dos inquiridos tinha uma orientação para o risco médio, seguida de uma orientação para o risco elevado (18,12%) e de uma orientação para o risco baixo (08,13%).

Divakar (2011) revelou que a maioria dos inquiridos (56,00 por cento) tinha um nível médio de orientação para o risco, seguido de um nível baixo de orientação para o risco (26,00 por cento) e de um nível elevado de orientação para o risco (18,00 por cento).

Solanki (2011) constatou que dois quintos dos inquiridos (40,00 por cento) tinham uma orientação para o risco médio, seguidos de 30,83 por cento e 29,17 por cento com uma orientação para o risco elevado e baixo, respetivamente.

Koli (2012) referiu que quase três quintos (57,40 por cento) dos produtores de coco tinham um nível médio de orientação para o risco, enquanto igual número (21,30 por cento) de produtores de coco se enquadrava no nível alto e baixo de orientação para o risco.

2.1.5 Características da situação

2.1.5.1 Potencialidade de irrigação

Bharad (2007) revelou que a maioria (64,00 por cento) dos produtores de manga tinha um nível médio de potencialidade de irrigação, seguido de 31,50 por cento e 4,50 por cento que estavam na categoria de baixa e alta potencialidade de irrigação, respetivamente.

Gohil (2010) revelou que mais de metade (54,00 por cento) dos inquiridos tinha um potencial de irrigação médio, seguido de um potencial de irrigação elevado (32,50 por cento) e de um potencial de irrigação baixo (13,50 por cento).

Divakar (2011) revelou que a maioria dos inquiridos (68,00 por cento) tinha um baixo nível de potencialidade de irrigação, seguido de um nível médio de potencialidade de irrigação (20,00 por cento), nenhuma potencialidade de irrigação (8,00 por cento) e alta potencialidade de irrigação (04,00 por cento).

Gorfad (2012) revelou que cerca de dois terços (65,00 por cento) dos inquiridos possuíam um potencial de irrigação médio, enquanto 22,78 por cento tinham um potencial de irrigação baixo e 12,22 por cento tinham um potencial de irrigação elevado.

Humbal (2012) referiu que dois quintos (39,17 por cento) dos inquiridos tinham um poço de irrigação, enquanto 21,83 por cento dos inquiridos utilizavam um poço e um canal para irrigar as suas culturas. Apenas 18,67% dos inquiridos dispunham de um canal para irrigar as suas culturas. Os restantes 15,00 e 5,33% dos inquiridos tinham poço e barragens de controlo como fonte de irrigação, respetivamente.

Hadiya (2013) referiu que cerca de dois quintos (39,17%) dos inquiridos dispunham de um poço de irrigação. Por outro lado, 20,83% dos inquiridos utilizavam um poço e um canal para irrigar as suas culturas. Apenas 16,67% dos inquiridos dispunham de um canal para irrigar as suas culturas. Os restantes 15,00 e 8,33% dos inquiridos tinham poço e barragens de controlo como fonte de irrigação, respetivamente.

Markana (2015) referiu que 39,17% dos inquiridos dispunham de um poço de irrigação. Por outro lado, 20,83% dos inquiridos utilizavam um poço e um canal para irrigar as suas culturas. Apenas 16,67% dos inquiridos dispunham de um canal para irrigar as suas culturas.

Rajput (2016) referiu que mais de dois terços (68,75 por cento) dos inquiridos tinham um poço como instalação de irrigação, enquanto 20,00 por cento dos inquiridos utilizavam um poço para irrigar as suas culturas. Apenas 11,25 por cento dos inquiridos tinham uma barragem de controlo para irrigar as suas culturas.

Dhakad (2016) revelou que a maioria (77,50 por cento) dos inquiridos tinha uma potencialidade de irrigação média, seguida de uma potencialidade de irrigação baixa (13,33 por cento) e alta (09,17 por cento).

2.1.5.2 Intensidade das culturas

Chavda (2005) revelou que a maioria (72,00 por cento) dos produtores de algodão Bt. estava na categoria de intensidade de cultivo média, enquanto 16,66 por cento e 11,34 por cento dos inquiridos estavam na categoria de intensidade de cultivo baixa e alta, respetivamente.

Bharad (2007) revelou que três quintos (60,00 por cento) dos produtores de manga tinham uma intensidade de cultivo média, enquanto 34,00 por cento e 6,00 por cento tinham um nível elevado e baixo de intensidade de cultivo, respetivamente.

Kamani (2007) constatou que um pouco mais de três quintos (61,43%) dos agricultores biológicos tinham um nível médio de intensidade de cultivo, seguido de 25,00% de agricultores biológicos com baixa intensidade de cultivo e 13,57% de agricultores biológicos com
elevado nível de intensidade de cultivo.

Kumbhani (2009) revelou que a maioria (65,62%) dos inquiridos tinha um nível médio de intensidade de cultivo, seguido de 15,63% e 18,75% de inquiridos com uma intensidade de cultivo elevada e baixa, respetivamente.

Gohil (2010) estudou que a maioria (67,50%) dos inquiridos pertencia à categoria de intensidade de cultivo média, seguida de 19,50% e 13,00% dos inquiridos pertencentes às categorias de intensidade de cultivo alta e baixa, respetivamente.

Divakar (2011) revelou que a maioria dos inquiridos (86,00 por cento) tinha um nível médio de intensidade de cultivo, seguido de um nível baixo de intensidade de cultivo (9,34 por cento) e de um nível elevado de intensidade de cultivo (4,66 por cento).

Markana (2015) revelou que 60,83% dos inquiridos tinham uma intensidade de cultivo média, seguidos de 22,50% e 16,67% de inquiridos com uma intensidade de cultivo alta e baixa, respetivamente.

Raviya (2017) revelou que a maioria (70,00 por cento) dos inquiridos pertencia à categoria de intensidade de cultivo média, enquanto 15,83 por cento e 14,17 por cento dos inquiridos pertenciam às categorias de intensidade de cultivo baixa e alta, respetivamente.

2.1.5.3 Índice de rendimento

Gohil (2010) constatou que a maioria (71,50 por cento) dos produtores tinha um índice de rendimento médio, seguido de um índice de rendimento baixo (15,00 por cento) e de um índice de rendimento elevado (13,50 por cento).

Gorfad (2012) descobriu que a maioria (71,11%) dos produtores de amendoim tinha um índice de rendimento médio do amendoim, enquanto 15,56% e 13,33% dos inquiridos tinham um índice de rendimento baixo e alto do amendoim, respetivamente.

Koli (2012) revelou que a maioria (73,15%) dos produtores de coco tinha um índice médio de rendimento do coco, seguido de 14,82% e 12,03% de índice baixo e alto de rendimento do coco, respetivamente.

Hadiya (2013) concluiu que a maioria (62,50%) dos produtores de amendoim tinha um índice de rendimento médio do amendoim, enquanto 21,67% dos inquiridos tinham um índice de rendimento elevado e 15,83% dos inquiridos tinham um índice de rendimento baixo do amendoim.

Raviya (2017) revelou que a maioria (55,84%) dos produtores de algodão tinha um índice médio de rendimento do algodão, seguido de 25,84% e 18,33% com um índice baixo e alto de rendimento do algodão, respetivamente.

Datta (2018) revelou que a maioria (65,00 por cento) dos produtores de romã tinha um índice de rendimento médio, seguido de 21,67 por cento e 13,33 por cento que tinham um índice de rendimento baixo e alto, respetivamente.

2.9 NÍVEL DE CONHECIMENTO DOS PRODUTORES DE GRÃO-DE-BICO SOBRE

TECNOLOGIA RECOMENDADA DE PRODUÇÃO DE CHICKPEA Tavethiya (2006) revelou que três quintos (60,00 por cento) dos produtores de cominho tinham um nível médio de conhecimentos, enquanto um número igual de produtores de cominho, ou seja, (20,00 por cento) tinha um grupo de conhecimentos de alto e baixo nível sobre a tecnologia recomendada de produção de cominho.

Bharad (2007) revelou que a maioria (72,00 por cento) dos inquiridos possuía um nível médio de conhecimentos sobre a tecnologia de produção de manga melhorada, seguido de um nível de conhecimentos elevado (21,00 por cento) e baixo (07,00 por cento).

Jadeja (2008) revelou que a maioria (73,00 por cento) dos inquiridos tinha um nível médio de conhecimentos, enquanto 13,00 por cento tinham um nível baixo e 14,00 por cento tinham um nível elevado de conhecimentos sobre práticas científicas indígenas.

Chander *et al.* (2009) concluíram que a maioria dos agricultores (44,17%) tinha um nível médio de conhecimento, seguido de um nível baixo (37,50%) e alto (18,33%) de conhecimento sobre a tecnologia de produção de amendoim.

Kumbhani (2009) concluiu que a maioria (65,62%) dos produtores de coentros tinha conhecimentos de nível médio sobre a tecnologia de produção de coentros, seguidos de

17,51% e 16,87% dos inquiridos com conhecimentos de nível elevado e baixo, respetivamente.

Sangeetha *et al.* (2009) revelaram que mais de um terço (36,67%) dos inquiridos tinha um nível médio de conhecimentos sobre as práticas recomendadas para a cultura do algodão, seguido de um nível baixo (35,00%) e alto (28,33%) de conhecimentos.

Dalsaniya (2010) revelou que a maioria (74,17%) dos produtores de gergelim *Kharif* tinha conhecimentos de nível médio sobre a tecnologia de produção de gergelim, enquanto 13,33 e 12,50% dos inquiridos estavam na categoria de conhecimentos de nível baixo e alto, respetivamente.

Divakar (2011) revelou que a maioria dos inquiridos (66,67%) tinha um nível de conhecimentos médio, seguido de um nível de conhecimentos baixo (18,66%) e de um nível de conhecimentos elevado (14,66%).

Koli (2012) observou que cerca de dois terços (64,81 por cento) dos produtores de coco tinham um nível médio de conhecimentos sobre as práticas recomendadas para o coco, enquanto 20,38 e 14,81 por cento dos produtores de coco tinham um nível elevado e baixo de conhecimentos sobre as práticas recomendadas para o coco, respetivamente.

Hadiya (2013) estudou que mais de metade (55,83%) dos inquiridos tinha um nível médio de conhecimentos sobre as práticas recomendadas para o amendoim kharif, ao passo que 22,50% e 21,67% dos inquiridos tinham níveis baixos e altos de conhecimentos sobre as práticas recomendadas para o amendoim *kharif*, respetivamente.

Umretiya (2015) revelou que 47,50 por cento dos produtores de grão-de-bico tinham um baixo nível de conhecimentos sobre a tecnologia de produção de grão-de-bico, seguido de um nível elevado (28,33 por cento) e médio (24,17 por cento) de conhecimentos sobre a tecnologia de produção de grão-de-bico.

Dhakad (2016) revelou que a maioria (62,50%) dos inquiridos tinha um nível de conhecimentos médio, seguido de 19,17% com um nível de conhecimentos elevado e 18,33% com um nível de conhecimentos baixo.

Lohare (2017) revelou que a maioria (61,00 por cento) dos inquiridos tinha um conhecimento médio sobre a tecnologia de produção de grão-de-bico, seguido de 20,50 por cento com um elevado nível de conhecimento e 18,50 por cento com um baixo nível de conhecimento sobre a tecnologia de produção de grão-de-bico.

2.10 GRAU DE ADOPÇÃO DA TECNOLOGIA RECOMENDADA PARA A PRODUÇÃO DE GRÃO-DE-BICO

Parmar (2006) revelou que dois terços (66,67%) dos produtores de arroz tinham um nível médio de adoção da tecnologia de produção de arroz recomendada, seguido de um nível elevado (17,50%) e baixo (15,83%) de adoção da tecnologia de produção de arroz recomendada.

Tavethiya (2006) indicou que quase três quintos (58,00 por cento) dos produtores de cominho tinham um nível médio de adoção de tecnologia melhorada de produção de cominho, seguido de 22,00 e 20,00 por cento dos inquiridos que tinham um nível elevado e baixo de adoção de tecnologia melhorada de produção de cominho, respetivamente.

Dalsaniya (2010) revelou que três quartos (74,17 por cento) dos produtores de gergelim *Kharif* tinham uma adoção média da tecnologia de produção de gergelim recomendada, seguida de 13,33 e 12,50 por cento dos inquiridos que tinham um nível elevado e baixo de adoção da tecnologia de produção de gergelim recomendada, respetivamente.

Humbal (2012) relatou que três quintos (60,00 por cento) dos inquiridos tinham um nível médio de adoção da tecnologia recomendada para a produção de mamona como cultura intercalar com amendoim, seguido de 21,67 por cento e 18,33 por cento dos inquiridos com baixo e alto nível de adoção, respetivamente.

Invati (2012) revelou que 66,67% dos inquiridos indicaram baixa adoção, seguidos de 17,50% de média e 15,80% de alta adoção da tecnologia de produção de grão-de-bico.

Kangali (2012) revelou que exatamente metade dos agricultores (50,00 por cento) possuía um nível médio de adoção da tecnologia de produção de grão-de-bico, seguido de 40,00 por cento de agricultores com um nível elevado e 10,00 por cento de agricultores com um nível baixo de adoção da tecnologia de produção de grão-de-bico.

Koli (2012) observou que dois terços (66,67 por cento) dos produtores de coco tinham um nível médio de adoção global relativamente às práticas recomendadas para o coco, seguido de 21,30 por cento e 12,03 por cento dos produtores de coco com um nível elevado e baixo de adoção global, respetivamente.

Hadiya (2013) concluiu que cerca de dois terços (65,83%) dos inquiridos tinham um nível médio de adoção das práticas recomendadas para o amendoim kharif, enquanto 19,17% tinham um nível baixo e 15,00% tinham um nível elevado de adoção das práticas recomendadas para o amendoim *kharif.*

Neethi e Sailaja (2013) revelaram que a maioria (71,67%) dos inquiridos tinha um nível médio de adoção, seguido de um nível baixo (15,83%) e alto (12,50%) de adoção.

Lohare (2017) revelou que a maioria (59,00 por cento) dos inquiridos tinha um nível médio de adoção, seguido de um nível elevado de adoção (21,50 por cento) e de um nível baixo de adoção (19,50 por cento) da tecnologia de produção de grão-de-bico.

Raviya (2017) revelou que 68,33% dos inquiridos tinham um nível médio de adoção das práticas recomendadas para a produção de algodão, seguido de 18,33% e 13,33% dos inquiridos que se encontravam no grupo de adoção elevada e baixa, respetivamente.

Datta (2018) revelou que 69,16% dos inquiridos tinham um nível médio de adoção, seguido de 17,50% e 13,34% dos inquiridos com um nível baixo e alto de adoção de práticas de produção de romã, respetivamente.

2.11 ASSOCIAÇÃO ENTRE AS CARACTERÍSTICAS SELECCIONADAS DOS PRODUTORES DE GRÃO-DE-BICO E OS SEUS CONHECIMENTOS SOBRE A TECNOLOGIA DE PRODUÇÃO DE GRÃO-DE-BICO

2.4.1 Idade e conhecimentos

Chavda (2005) observou que não havia uma associação significativa entre a idade dos agricultores e o seu grau de conhecimento.

Singh (2007) concluiu que a idade dos produtores de tabaco tinha uma associação não significativa com os seus conhecimentos sobre a tecnologia de produção de tabaco recomendada.

Basanayak (2009) revelou que a idade estava positiva e significativamente associada ao nível de conhecimentos dos produtores de papaia.

Rajput (2010) revelou que a idade dos produtores de grão-de-bico tinha uma associação não significativa com os seus conhecimentos sobre a tecnologia de produção recomendada para o grão-de-bico.

Hadiya (2013) revelou que existia uma relação negativa e significativa entre a idade dos inquiridos e o seu conhecimento das práticas recomendadas para o amendoim *kharif.*

Lohare (2017) observou que não havia uma associação significativa entre a idade dos agricultores e o seu grau de conhecimento.

Raviya (2017) revelou que havia uma relação não significativa entre a idade dos inquiridos e os seus conhecimentos sobre as práticas recomendadas para o algodão.

2.4.2 Educação e conhecimento

Parmar (2006) referiu que a educação dos produtores de arroz estava positiva e significativamente associada aos seus conhecimentos sobre a tecnologia de produção de arroz recomendada.

Singh (2007) concluiu que a educação dos produtores de tabaco estava positiva e significativamente associada aos seus conhecimentos sobre a tecnologia de produção de tabaco recomendada.

Chauhan (2008) concluiu que havia uma associação positiva e significativa entre a educação dos produtores e o seu grau de conhecimento.

Jadeja (2008) inferiu que existia uma associação positiva e significativa entre a educação dos agricultores e o seu grau de conhecimento sobre a utilização de diferentes partes do nim.

Satasiya (2008) concluiu que existia uma associação positiva e significativa entre a educação dos agricultores e o seu grau de conhecimento.

Dalsaniya (2010) observou que havia uma associação positiva e significativa entre a educação dos agricultores e o seu grau de conhecimento.

Rajput (2010) revelou que havia uma associação positiva e significativa entre a educação dos produtores de grão-de-bico e o seu grau de conhecimento.

Hadiya (2013) concluiu que existia uma relação positiva e altamente significativa entre a educação dos inquiridos e o seu conhecimento das práticas recomendadas para o amendoim *kharif*.

Lohare (2017) observou que a educação mostrou uma relação positiva e significativa com o nível de conhecimento.

Raviya (2017) concluiu que havia uma relação positiva e significativa entre a educação dos inquiridos e o seu conhecimento das práticas recomendadas para o algodão.

2.4.3 Experiência e conhecimentos na exploração agrícola

Patel *et al.* (2002) relataram que a experiência agrícola tinha mostrado uma relação significativa e positiva com o conhecimento dos agricultores sobre a tecnologia de produção de cana-de-açúcar.

Patel *et al.* (2003) referiram que a experiência do agricultor no cultivo do tabaco tinha mostrado uma relação positiva e significativa com os seus conhecimentos sobre o cultivo do tabaco.

Singh (2007) concluiu que a experiência agrícola dos produtores de tabaco tinha uma relação não significativa com os seus conhecimentos sobre a tecnologia de produção de tabaco recomendada.

Sangeetha *et al.* (2009) revelaram que existia uma relação positiva e significativa entre a experiência agrícola dos inquiridos e os seus conhecimentos.

Lohare (2017) revelou que a experiência agrícola dos inquiridos mostrou uma relação positiva e significativa com o seu nível de conhecimento sobre a tecnologia de produção de grão-de-bico.

Raviya (2017) concluiu que existia uma relação não significativa entre a experiência agrícola dos produtores de algodão e o seu conhecimento das práticas recomendadas para o algodão.

2.4.4 Participação social e conhecimento

Chavda (2005) concluiu que havia uma associação positiva e significativa entre a participação social dos inquiridos e o seu conhecimento sobre as características distintivas do algodão Bt.

Vasava (2005) observou que a participação social dos produtores de ervilha-de-angola estava positiva e significativamente correlacionada com os seus conhecimentos sobre as práticas recomendadas para o cultivo da ervilha-de-angola.

Tavethiya (2006) revelou que existia uma associação positiva e significativa entre a participação social dos produtores de cominhos e o seu conhecimento da tecnologia de produção de cominhos recomendada.

Dalsaniya (2010) concluiu que havia uma associação positiva e significativa entre a participação social dos produtores de gergelim *Kharif* e o seu conhecimento da tecnologia de produção de gergelim recomendada.

Rajput (2010) revelou que havia uma associação positiva e significativa entre a participação social e o nível de conhecimento dos produtores de grão-de-bico.

Humbal (2012) observou que existia uma relação positiva e significativa entre a participação social dos inquiridos e os seus conhecimentos sobre a tecnologia de produção agrícola recomendada para a rícino como cultura intercalar com o amendoim.

Lohare (2017) revelou que a participação social tinha mostrado uma relação positiva e significativa com o nível de conhecimento dos produtores de grão-de-bico.

Raviya (2017) revelou que existia uma relação positiva e altamente significativa entre a participação social dos inquiridos e os seus conhecimentos sobre as práticas recomendadas para o algodão.

2.4.5 Dimensão da propriedade fundiária e conhecimentos

Patel (2005) revelou que existia uma associação positiva e significativa entre a dimensão da propriedade fundiária dos inquiridos e o seu grau de conhecimento.

Chauhan (2008) concluiu que não existia qualquer relação entre a dimensão da propriedade fundiária dos inquiridos e os seus conhecimentos sobre práticas de agricultura biológica.

Satasiya (2008) inferiu que não havia relação entre o tamanho da propriedade dos inquiridos e o seu conhecimento das práticas de produção de rícino.

Dalsaniya (2010) concluiu que não havia relação entre a dimensão da propriedade fundiária dos inquiridos e o seu conhecimento das práticas de produção de sésamo.

Rajput (2010) revelou que existia uma associação positiva e significativa entre a dimensão da propriedade dos produtores de grão-de-bico e o seu nível de conhecimentos.

Humbal (2012) inferiu que existia uma relação positiva e significativa entre o tamanho da propriedade dos inquiridos e o seu conhecimento das tecnologias recomendadas para a produção de rícino como cultura intercalar com o amendoim.

Hadiya (2013) constatou que existia uma relação positiva e significativa entre a dimensão da propriedade dos inquiridos e o seu conhecimento das práticas recomendadas para o amendoim *kharif.*

Lohare (2017) revelou que o tamanho da propriedade da terra mostrou uma relação positiva e significativa com o nível de conhecimento dos produtores de grão-de-bico.

Raviya (2017) revelou que existe uma relação não significativa entre a dimensão da propriedade fundiária e o conhecimento dos inquiridos sobre as práticas recomendadas para o algodão.

2.4.6 Rendimento anual e conhecimentos

Joshi (2004) revelou que o rendimento anual estava positiva e significativamente associado ao nível de conhecimento dos produtores de algodão sobre práticas modernas de cultivo de algodão.

Patel (2005) revelou que existia uma relação não significativa entre o rendimento anual dos inquiridos e o seu nível de conhecimentos.

Chauhan (2008) concluiu que não existia uma relação significativa entre o rendimento anual dos inquiridos e o seu grau de conhecimento.

Jadeja (2008) concluiu que não havia associação entre o rendimento anual dos agricultores e o seu grau de conhecimento sobre a utilização de diferentes partes do nim.

Humbal (2012) revelou que existia uma relação positiva e não significativa entre o rendimento anual e o conhecimento.

Hadiya (2013) inferiu que existia uma relação positiva e não significativa entre o rendimento anual e o conhecimento.

Lohare (2017) revelou que o rendimento anual mostrou uma relação positiva e significativa com o nível de conhecimento dos produtores de grão-de-bico.

Raviya (2017) concluiu que havia uma relação positiva e altamente significativa entre o rendimento anual dos inquiridos e o seu conhecimento das práticas recomendadas para o algodão.

2.4.7 Participação e conhecimento da extensão

Sahoo (2004) revelou que existia uma relação positiva e altamente significativa entre a participação dos inquiridos na extensão e os seus conhecimentos.

Jadeja (2008) inferiu que havia uma associação positiva e significativa entre a participação dos agricultores na extensão e o seu grau de conhecimento sobre a utilização de diferentes partes do nim.

Satasiya (2008) relatou que havia uma associação positiva e significativa entre a participação dos inquiridos na extensão e os seus conhecimentos sobre a tecnologia de produção de rícino.

Chander *et al.* (2009) referiram que a participação na extensão estava positiva e significativamente associada ao nível de conhecimentos dos inquiridos.

Rajput (2010) concluiu que existe uma associação significativa entre a participação na extensão e o nível de conhecimentos dos produtores de grão-de-bico sobre a tecnologia de produção recomendada para o grão-de-bico.

Humbal (2012) concluiu que havia uma relação positiva e altamente significativa entre a participação dos inquiridos na extensão e o seu conhecimento da tecnologia recomendada para a produção de mamona como cultura intercalar com o amendoim.

Hadiya (2013) concluiu que existia uma relação positiva e altamente significativa entre a participação dos inquiridos na extensão e o seu conhecimento das práticas recomendadas para o amendoim *kharif*.

Raviya (2017) concluiu que havia uma relação positiva e altamente significativa entre a participação na extensão e o conhecimento dos inquiridos sobre as práticas recomendadas para o algodão.

2.4.8 Exposição e conhecimento dos meios de comunicação social

Sahoo (2004) concluiu que existia uma associação positiva e significativa entre a exposição aos meios de comunicação social e o nível de conhecimentos dos inquiridos.

Tavethiya (2006) concluiu que existia uma associação positiva e significativa entre a exposição aos meios de comunicação social e o nível de conhecimentos dos inquiridos.

Dalsaniya (2010) concluiu que existia uma associação positiva e significativa entre a exposição aos meios de comunicação social e o nível de conhecimentos dos inquiridos.

Rajput (2010) concluiu que havia uma associação positiva e significativa entre a exposição aos meios de comunicação social e o nível de conhecimentos dos produtores de grão-de-bico sobre a tecnologia recomendada para a produção de grão-de-bico.

Humbal (2012) inferiu que existia uma relação positiva e significativa entre a exposição aos meios de comunicação social e o nível de conhecimento dos inquiridos.

Hadiya (2013) observou que existia uma relação positiva e altamente significativa entre a exposição dos inquiridos aos meios de comunicação social e o seu conhecimento das práticas recomendadas para o amendoim *kharif.*

Lohare (2017) revelou que a exposição aos meios de comunicação social mostrou uma relação positiva e significativa com o nível de conhecimento dos produtores de grão-de-bico.

Raviya (2017) indicou que existia uma relação positiva e altamente significativa entre a exposição dos inquiridos aos meios de comunicação social e os seus conhecimentos sobre as práticas recomendadas para o algodão.

2.4.9 Inovação e conhecimento

Patel (2005) referiu que existia uma associação positiva e significativa entre a capacidade de inovação e o nível de conhecimentos dos agricultores em relação às práticas de agricultura biológica.

Chauhan (2008) referiu que existia uma associação positiva e significativa entre a capacidade de inovação dos agricultores e o seu nível de conhecimentos.

Satasiya (2008) referiu que existia uma associação positiva e significativa entre a capacidade de inovação dos agricultores e o seu nível de conhecimentos.

Kumbhani (2009) inferiu que existia uma associação positiva e significativa entre a capacidade de inovação dos agricultores e o seu nível de conhecimentos.

Rajput (2010) concluiu que existia uma associação positiva e significativa entre a capacidade de inovação dos produtores de grão-de-bico e o seu nível de conhecimentos sobre a tecnologia recomendada para a cultura do grão-de-bico.

Humbal (2012) concluiu que existia uma relação positiva e altamente significativa entre a capacidade de inovação dos agricultores e o seu nível de conhecimentos.

Hadiya (2013) estudou a existência de uma relação positiva e altamente significativa entre a capacidade de inovação dos agricultores e o seu nível de conhecimentos.

Raviya (2017) revelou que existia uma relação positiva e altamente significativa entre a capacidade de inovação dos agricultores e o seu nível de conhecimentos.

2.4.10 Orientação e conhecimentos científicos

Patel *et al.* (2008) revelaram que a orientação científica estava correlacionada de forma positiva e altamente significativa com o nível de conhecimento da tecnologia IPM na cultura do algodão para produtores de algodão treinados.

Sangeetha *et al.* (2009) revelaram que existia uma relação positiva e significativa entre a orientação científica dos inquiridos e o seu nível de conhecimentos.

Lohare (2017) revelou que a orientação científica para uma tecnologia de produção melhorada mostrou uma relação positiva e significativa com o nível de conhecimento dos produtores de grão-de-bico.

Raviya (2017) revelou que existia uma relação positiva e significativa entre a orientação científica dos inquiridos e os seus conhecimentos sobre as práticas recomendadas para o algodão.

2.4.11 Orientação e conhecimento dos riscos

Patidar (2002) revelou que a orientação para o risco em relação a uma tecnologia de produção melhorada mostrou uma relação positiva e significativa com o nível de conhecimentos dos produtores de grão-de-bico.

Basanayak (2009) revelou que a orientação para o risco estava positiva e significativamente associada ao nível de conhecimentos dos produtores de papaia.

Datta (2018) referiu que existia uma relação positiva e significativa entre a orientação para o risco dos inquiridos e os seus conhecimentos sobre as práticas de produção de romã.

2.4.12 Potencialidade e conhecimentos em matéria de irrigação

Chavda (2005) concluiu que havia uma associação positiva e significativa entre a potencialidade de irrigação dos produtores de algodão Bt. e o seu conhecimento.

Tavethiya (2006) concluiu que existia uma associação positiva e significativa entre a potencialidade de irrigação dos produtores de cominhos e o seu conhecimento da tecnologia de produção de cominhos.

Chauhan (2008) indicou que existia uma associação positiva e significativa entre a potencialidade de irrigação dos agricultores biológicos e os seus conhecimentos.

Dalsaniya (2010) observou que havia uma associação positiva e significativa entre a potencialidade de irrigação dos produtores de sésamo *Kharif* e o seu conhecimento da tecnologia de produção de sésamo.

Humbal (2012) revelou que havia uma relação positiva e significativa entre a potencialidade de irrigação dos inquiridos e o seu conhecimento da tecnologia recomendada para a produção de mamona como cultura intercalar com amendoim.

Raviya (2017) revelou que existia uma relação positiva e significativa entre a potencialidade de irrigação dos inquiridos e os seus conhecimentos sobre as práticas recomendadas para o algodão.

2.4.13 Intensidade de cultivo e conhecimentos

Chavda (2005) revelou que havia uma associação positiva e significativa entre a intensidade de cultivo dos produtores de algodão Bt. e o seu conhecimento.

Tavethiya (2006) concluiu que existia uma associação positiva e significativa entre a intensidade de cultivo dos inquiridos e os seus conhecimentos.

Satasiya (2008) revelou que existia uma associação positiva e significativa entre a intensidade de cultivo e os conhecimentos dos agricultores demonstradores.

Dalsaniya (2010) salientou que existia uma associação positiva e significativa entre a intensidade das culturas e os conhecimentos dos inquiridos.

Raviya (2017) revelou que havia uma relação não significativa entre a intensidade de cultivo e o conhecimento dos inquiridos sobre as práticas recomendadas para o algodão.

2.4.14 Índice de rendimento e conhecimentos

Koli (2012) observou que não havia associação entre o índice de rendimento dos produtores de coco e o seu conhecimento sobre a tecnologia recomendada para a produção de coco.

Hadiya (2013) observou que havia uma relação não significativa entre o índice de rendimento e o nível de conhecimento dos inquiridos sobre as práticas recomendadas para o amendoim *kharif.*

Raviya (2017) concluiu que existia uma relação positiva e altamente significativa entre o índice de rendimento dos inquiridos e o seu nível de conhecimentos sobre as práticas recomendadas para o algodão.

Datta (2018) concluiu que existia uma relação positiva e altamente significativa entre o índice de rendimento dos inquiridos e o seu nível de conhecimentos sobre as práticas recomendadas para a romã.

2.12ASSOCIAÇÃO ENTRE AS CARACTERÍSTICAS SELECCIONADAS DOS PRODUTORES DE GRÃO-DE-BICO E O SEU GRAU DE ADOPÇÃO DA TECNOLOGIA DE PRODUÇÃO DE GRÃO-DE-BICO

2.5.1 Idade e adoção

Patel (2005) concluiu que a idade tinha uma correlação negativa e significativa com a adoção da tecnologia recomendada para a cultura do pimentão pelos produtores de pimentão.

Tavethiya (2006) referiu que existia uma associação negativa e significativa entre a idade dos produtores de cominhos e a sua adoção da tecnologia de produção de cominhos recomendada.

Kumbhani (2009) concluiu que havia uma associação negativa e significativa entre a idade dos produtores de coentros e a sua adoção da tecnologia de produção de coentros recomendada.

Verma (2009) concluiu que existia uma relação não significativa entre a idade dos inquiridos e o seu grau de adoção.

Rajput (2010) concluiu que a idade dos produtores de grão-de-bico tinha uma associação não significativa com o grau de adoção da tecnologia recomendada para a cultura do grão-de-bico.

Divakar (2011) revelou que a relação entre a idade e o nível de adoção dos inquiridos era positiva e estatisticamente significativa.

Gorfad (2012) concluiu que existia uma associação negativa e não significativa entre a idade e o grau de adoção.

Humbal (2012) constatou que existia uma relação negativa e significativa entre a idade dos inquiridos e a sua adoção da tecnologia de produção agrícola recomendada de rícino como cultura intercalar com amendoim.

Lohare (2017) concluiu que existia uma relação não significativa entre a idade dos inquiridos e o seu grau de adoção.

2.5.2 Educação e adoção

Satasiya (2008) concluiu que existia uma correlação positiva e altamente significativa entre as habilitações literárias dos inquiridos e o seu grau de adoção.

Verma (2009) concluiu que existia uma relação positiva e significativa entre a educação dos produtores e o grau de adoção de práticas relativas às gramíneas.

Rajput (2010) indicou que havia uma associação positiva e significativa entre a educação dos produtores de grão-de-bico e o seu grau de adoção da tecnologia recomendada para o cultivo do grão-de-bico.

Divakar (2011) revelou que a relação entre a educação e o nível de adoção dos inquiridos era positiva e estatisticamente significativa.

Gorfad (2012) concluiu que existia uma associação positiva e altamente significativa entre a educação e o grau de adoção.

Hadiya (2013) concluiu que existia uma relação positiva e altamente significativa entre a educação dos inquiridos e a sua adoção das práticas recomendadas para o amendoim *kharif*.

Lohare (2017) concluiu que a educação mostrou uma relação positiva e significativa com o grau de adoção da tecnologia de cultivo de grão-de-bico.

2.5.3 Experiência e adoção nas explorações agrícolas

Patel (2005) concluiu que não havia relação entre a experiência agrícola no cultivo do pimentão e o nível de adoção da tecnologia recomendada pelos produtores de pimentão.

Vasava (2005) concluiu que a experiência agrícola no cultivo do feijão bóer foi positiva e altamente significativa para o nível de adoção dos produtores de feijão bóer.

Trivedi (2009) revelou que a experiência agrícola na cultura do cominho estava positiva e significativamente relacionada com a gestão de crises da adoção da cultura do cominho.

Verma (2009) concluiu que existia uma relação não significativa entre a experiência agrícola dos produtores de grão-de-bico e o seu grau de adoção de práticas relativas ao grão-de-bico.

Rajput (2010) inferiu uma associação positiva e significativa entre a experiência na exploração agrícola e o grau de adoção de práticas de cultivo de grão-de-bico pelos produtores de grão-de-bico.

Lohare (2017) concluiu que a experiência na exploração agrícola mostrou uma relação positiva e significativa com o grau de adoção.

Raviya (2017) concluiu que a relação positiva e altamente significativa entre a experiência na exploração agrícola e o grau de adoção pelos inquiridos das práticas recomendadas para o algodão.

2.5.4 Participação social e adoção

Tavethiya (2006) referiu que existia uma associação positiva e significativa entre a participação social dos produtores de cominhos e a sua adoção da tecnologia de produção de cominhos recomendada.

Satasiya (2008) concluiu que existia uma associação positiva e significativa entre a participação social dos inquiridos e o grau de adoção da tecnologia de produção de rícino recomendada.

Verma (2009) concluiu que existia uma relação positiva e significativa entre a participação social dos produtores e o seu grau de adoção de práticas relativas ao grão-de-bico.

Dalsaniya (2010) concluiu que existia uma associação positiva significativa entre a participação social dos produtores de gergelim *kharif* e a sua adoção da tecnologia de produção de gergelim recomendada.

Rajput (2010) revelou que havia uma associação positiva e significativa entre a participação social e o grau de adoção da tecnologia recomendada para o cultivo de grão-de-bico.

Divakar (2011) revelou que a relação entre a participação social e o nível de adoção dos inquiridos era positiva e estatisticamente significativa.

Humbal (2012) inferiu que existia uma relação positiva e significativa entre a participação social dos inquiridos e a sua adoção da tecnologia recomendada para a produção de culturas de rícino como cultura intercalar com amendoim.

Lohare (2017) concluiu que a relação entre a participação social e o nível de adoção dos inquiridos era positiva e estatisticamente significativa.

2.5.5 Dimensão da exploração fundiária e adoção

Verma (2009) concluiu que existia uma relação positiva e significativa entre a dimensão da propriedade fundiária dos produtores e o grau de adoção de práticas relativas às gramíneas.

Rajput (2010) indicou que o tamanho da propriedade dos produtores de grão-de-bico estava positiva e significativamente associado ao grau de adoção da tecnologia recomendada para o cultivo do grão-de-bico.

Divakar (2011) revelou que a relação entre a dimensão da exploração das terras e o nível de adoção dos inquiridos era positiva e estatisticamente significativa.

Gorfad (2012) referiu que existia uma associação positiva e significativa entre a dimensão da propriedade fundiária e o grau de adoção.

Humbal (2012) concluiu que existia uma relação positiva e significativa entre a dimensão da propriedade fundiária e a adoção da tecnologia de produção recomendada para a cultura da rícino como cultura intercalar com o amendoim.

Hadiya (2013) verificou que existia uma relação positiva e altamente significativa entre a dimensão da propriedade fundiária dos inquiridos e o grau de adoção das práticas recomendadas para o amendoim *kharif*.

Lohare (2017) concluiu que a dimensão da propriedade fundiária apresentou uma relação positiva e significativa com o grau de adoção.

2.5.6 Rendimento anual e adoção

Parmar (2006) concluiu que o rendimento anual dos produtores de arroz estava correlacionado de forma positiva e significativa com o grau de adoção da tecnologia de produção de arroz recomendada.

Satasiya (2008) relatou que não havia associação entre a renda anual e o nível de adoção dos agricultores em relação às práticas de produção de mamona.

Verma (2009) concluiu que existia uma relação positiva e significativa entre o rendimento anual dos produtores de grão-de-bico e o seu grau de adoção de práticas relativas ao grão-de-bico.

Dalsaniya (2010) concluiu que não havia associação entre o rendimento anual dos agricultores e o seu nível de adoção de práticas de produção de sésamo.

Rajput (2010) indicou que existia uma associação positiva e significativa entre o rendimento anual e o grau de adoção.

Divakar (2011) revelou que a relação entre o rendimento anual e o nível de adoção dos inquiridos era positiva e estatisticamente significativa.

Gorfad (2012) concluiu que existia uma associação positiva e significativa entre o rendimento anual e o grau de adoção.

Koli (2012) constatou que não havia associação entre o rendimento anual dos produtores de coco e a sua adoção das tecnologias recomendadas para a produção de coco.

Lohare (2017) concluiu que o rendimento anual apresentou uma relação positiva e significativa com o grau de adoção.

2.5.7 Participação e adoção da extensão

Parmar (2006) concluiu que a participação dos produtores de arroz na extensão estava correlacionada de forma positiva e significativa com o grau de adoção da tecnologia de produção de arroz recomendada.

Chauhan (2008) concluiu que a participação na extensão estava positiva e significativamente associada à adoção de práticas de agricultura biológica pelos inquiridos.

Kumbhani (2009) indicou que havia uma associação positiva e significativa entre a participação dos produtores de coentros na extensão e a sua adoção da tecnologia de produção de coentros recomendada.

Verma (2009) concluiu que existia uma relação positiva e significativa entre a participação dos produtores de grão-de-bico na extensão e o seu grau de adoção de práticas relativas ao grão-de-bico.

Rajput (2010) concluiu que havia uma associação positiva e significativa entre a participação na extensão e o grau de adoção da tecnologia recomendada para a produção de grão-de-bico.

Gorfad (2012) concluiu que havia uma associação positiva e significativa entre a participação na extensão e o grau de adoção.

Hadiya (2013) estudou a existência de uma relação positiva e altamente significativa entre a participação dos inquiridos na extensão e a adoção das práticas recomendadas para o amendoim *kharif*.

2.5.8 Exposição e adoção dos meios de comunicação social

Vasava (2005) revelou que a exposição aos meios de comunicação social tinha uma associação positiva e altamente significativa com o nível de adoção da cultura do feijão-frade.

Tavethiya (2006) revelou que existia uma associação positiva e significativa entre a exposição dos produtores de cominho aos meios de comunicação social e o seu grau de adoção da tecnologia de produção de cominho recomendada.

Dalsaniya (2010) concluiu que existia uma associação positiva e significativa entre a exposição dos produtores de gergelim *Kharif* aos meios de comunicação social e a sua adoção da tecnologia de produção de gergelim recomendada.

Gorfad (2012) concluiu que existia uma associação positiva e significativa entre a exposição aos meios de comunicação social e o grau de adoção.

Koli (2012) indicou que a exposição dos produtores de coco aos meios de comunicação social tinha uma associação positiva e altamente significativa com a adoção da tecnologia de produção de coco recomendada.

Lohare (2017) concluiu que a exposição aos meios de comunicação social mostrou uma relação positiva e significativa com o grau de adoção.

Raviya (2017) concluiu que existia uma relação positiva e significativa entre a exposição dos inquiridos aos meios de comunicação social e a sua adoção das práticas recomendadas para o algodão.

2.5.9 Capacidade de inovação e adoção

Tavethiya (2006) revelou que existia uma associação positiva e significativa entre a capacidade de inovação dos produtores de cominho e a sua adoção da tecnologia de produção de cominho recomendada.

Satasiya (2008) inferiu que a capacidade de inovação dos inquiridos demonstradores estava positiva e significativamente correlacionada com a sua adoção de práticas recomendadas de produção de rícino.

Dalsaniya (2010) concluiu que existia uma associação positiva e significativa entre a capacidade de inovação dos produtores de gergelim *Kharif* e a sua adoção da tecnologia de produção de gergelim recomendada.

Rajput (2010) concluiu que existia uma associação positiva e significativa entre a capacidade de inovação dos produtores de grão-de-bico e o seu grau de adoção da tecnologia de produção de grão-de-bico recomendada.

Gorfad (2012) observou que existia uma associação positiva e altamente significativa entre a capacidade de inovação e o grau de adoção.

Raviya (2017) concluiu que existia uma relação positiva e altamente significativa entre a capacidade de inovação e o nível de adoção pelos inquiridos das práticas recomendadas para o algodão.

2.5.10 Orientação e adoção científica

Joshi (2004) referiu uma correlação positiva e significativa entre a orientação científica e o nível de adoção dos inquiridos.

Patel (2005) apresentou que a orientação científica dos produtores de malagueta tinha uma correlação positiva e significativa com a adoção da tecnologia de produção de malagueta recomendada.

Vasava (2005) afirmou que a orientação científica dos produtores de feijão-frade tinha uma correlação positiva e altamente significativa com a adoção da tecnologia recomendada para o feijão-frade.

Rabari (2006) concluiu que a orientação científica dos produtores de tomate tinha uma correlação negativa e não significativa com a adoção da tecnologia recomendada para a cultura do tomate.

Rathod (2009) concluiu que a orientação científica dos produtores de pimentão tinha uma correlação positiva e altamente significativa com o grau de adoção das medidas fitossanitárias recomendadas pelos produtores de pimentão.

Shitre (2010) concluiu que a orientação científica dos produtores de batata tinha mostrado uma correlação positiva e altamente significativa com o seu grau de adoção da tecnologia de produção de batata recomendada.

Umretiya (2015) concluiu que existia uma relação positiva e significativa entre a orientação científica dos produtores e o grau de adoção de práticas relativas às gramíneas.

Lohare (2017) concluiu que a orientação científica para a tecnologia de produção melhorada mostrou uma relação positiva e significativa com o grau de adoção.

Raviya (2017) concluiu que existia uma relação positiva e altamente significativa entre a orientação científica dos inquiridos e o seu nível de adoção das práticas recomendadas para o algodão.

2.5.11 Orientação para o risco e adoção

Verma (2009) concluiu que existia uma relação positiva e significativa entre a orientação para o risco dos produtores de grão-de-bico e o seu grau de adoção de práticas relativas ao grão-de-bico.

Divakar (2011) revelou que a relação entre a orientação para o risco e o nível de adoção dos inquiridos era positiva e estatisticamente significativa.

Datta (2018) concluiu que existia uma relação positiva e altamente significativa entre a orientação para o risco dos inquiridos e o seu nível de adoção de práticas de produção de romã.

2.5.12 Potencialidade e adoção da irrigação

Tavethiya (2006) concluiu que existia uma associação positiva e significativa entre a potencialidade de irrigação e a adoção da tecnologia de produção de cominhos recomendada.

Satasiya (2008) indicou que a potencialidade de irrigação dos inquiridos demonstradores estava positiva e significativamente correlacionada com a sua adoção das práticas recomendadas para a produção de rícino.

Kumbhani (2009) concluiu que existia uma associação positiva e significativa entre a potencialidade de irrigação e a adoção da tecnologia de produção recomendada para os coentros.

Gorfad (2012) concluiu que havia uma associação positiva e significativa entre a potencialidade da irrigação e a adoção.

Raviya (2017) concluiu que existia uma relação positiva e altamente significativa entre a potencialidade de irrigação dos inquiridos e a sua adoção das práticas recomendadas para o algodão.

2.5.13 Intensidade de cultivo e adoção

Patel (2005) afirmou que não havia relação entre a intensidade da cultura e o nível de adoção da tecnologia recomendada para a produção de pimentão.

Tavethiya (2006) indicou que existia uma associação positiva e significativa entre a intensidade de cultivo dos produtores de cominho e a sua adoção da tecnologia de produção de cominho recomendada.

Satasiya (2008) revelou que existia uma associação positiva e significativa entre a intensidade de cultivo dos produtores de rícino e a adoção da tecnologia de produção de rícino recomendada.

Divakar (2011) revelou que a relação entre a intensidade de cultivo e o nível de adoção dos inquiridos era positiva e estatisticamente significativa.

Gorfad (2012) concluiu que existia uma associação positiva e significativa entre a intensidade das culturas e o grau de adoção dos inquiridos.

Hadiya (2013) inferiu que existia uma relação positiva e altamente significativa entre a intensidade de cultivo dos inquiridos e a sua adoção das práticas recomendadas para o amendoim *kharif*.

Raviya (2017) concluiu que havia uma relação não significativa entre a intensidade de cultivo e a adoção das práticas recomendadas para o algodão.

2.5.14 Índice de rendimento e adoção

Gorfad (2012) concluiu que havia uma associação positiva e significativa entre o índice de rendimento do amendoim e o grau de adoção.

Koli (2012) revelou que não havia associação entre o índice de rendimento do coco dos produtores de coco e a sua adoção relativamente à tecnologia de produção de coco recomendada.

Hadiya (2013) referiu que existia uma relação positiva e não significativa entre o índice de rendimento dos inquiridos e a sua adoção das práticas recomendadas para o amendoim *kharif*.

Raviya (2017) concluiu que existia uma relação positiva e altamente significativa entre o índice de rendimento dos inquiridos e a sua adoção das práticas recomendadas para o algodão.

Datta (2018) concluiu que existia uma relação positiva e altamente significativa entre o índice de rendimento dos inquiridos e a sua adoção das práticas recomendadas para a romã.

2.13 CONSTRANGIMENTOS ENFRENTADOS PELOS PRODUTORES DE GRÃO-DE-BICO NA ADOPÇÃO

DA TECNOLOGIA DE PRODUÇÃO DE GRÃO-DE-BICO RECOMENDADA

Divakar (2011) observou que os constrangimentos enfrentados pelos inquiridos na adoção da tecnologia de produção de grão-de-bico eram: indisponibilidade de uma unidade de processamento de grão-de-bico nas proximidades da aldeia (80,00 por cento), seguido de um conhecimento deficiente sobre pragas e doenças de insectos (78,00 por cento), o número de demonstrações e exposições é menor (77,34 por cento), falta de conhecimento sobre o tratamento de sementes (76.67%), indisponibilidade de instalações de análise do solo na localidade vizinha (75,34%), falta de conhecimentos sobre o armazenamento dos produtos de grão-de-bico (64,00%), indisponibilidade de instalações de formação sobre o cultivo de grão-de-bico antes da estação (62,00%), indisponibilidade de uma sociedade de crédito na localidade (57,34%) e atraso nos leilões (50,67%).

Chandavat *et al.* (2012) estudaram os constrangimentos enfrentados pelos produtores de grama; 62,00 por cento dos produtores de grama expressaram a falta de disponibilidade atempada de sementes certificadas a nível local como um grande constrangimento, seguido pela falta de facilidade de mercado (58,00 por cento), falta de disponibilidade atempada e adequada de água de irrigação (48.00 por cento), custo mais elevado dos factores de produção agrícola (46,00 por cento), falta de disponibilidade atempada de mão de obra agrícola (44,00 por cento), preço mais baixo dos produtos agrícolas (34,00 por cento), falta de instalações de armazenamento (34,00 por cento) e falta de conhecimentos sobre pesticidas químicos adequados e sua concentração (26,00 por cento).

Umretiya (2015) estudou o nível de pontuação média dos produtores de grão-de-bico. Os constrangimentos mais importantes foram: recursos e insumos agrícolas dispendiosos (pontuação média de 2,36), seguidos de baixa adoção de novas tecnologias devido à falta de capital (pontuação média de 2,30), falta de recursos e capital suficientes (pontuação média de 2,26), indisponibilidade de sementes no momento (pontuação média de 2,15) e falta de instalações de irrigação (pontuação média de 2,15).

Dhakad (2016) estudou os principais constrangimentos expressos pelos produtores de grão-de-bico; relacionados com a produção de culturas (3,04 pontuação média), seguidos dos relacionados com o mercado (2,36 pontuação média), sociais e psicológicos (2,19 pontuação média) e constrangimentos relacionados com o armazenamento (2,12 pontuação média).

Jatapara *et al.* (2017) observaram que a maioria dos produtores de grama enfrentou restrições de alto custo de insumos agrícolas (95,00 por cento), seguido pela escassez de mão de obra (90,83 por cento), indisponibilidade de aparelhos de proteção de plantas (85,83 por cento), falta de conhecimento sobre o controle de doenças (68,33 por cento), flutuação no preço (60.00 por cento), indisponibilidade de factores de produção a tempo (54,16 por cento), restrições financeiras (50,00 por cento), risco elevado devido à falta de chuvas de monção (48,33 por cento), informação não disponível a tempo (37,50 por cento), indisponibilidade de variedades tolerantes à seca (20,83 por cento) e não existe mercado nas proximidades da aldeia (20,00 por cento).

Lohare (2017) concluiu que os produtores de grão-de-bico perceberam o máximo de restrições relacionadas ao mercado (pontuação média de 2,22), seguidas por restrições sociais e psicológicas (pontuação média de 2,20), restrições relacionadas à produção de culturas (pontuação média de 2,19) e restrições relacionadas ao armazenamento (pontuação média de 2,18).

2.14 SUGESTÕES DOS PRODUTORES DE GRÃO-DE-BICO PARA ULTRAPASSAR OS CONSTRANGIMENTOS QUE ENFRENTAM NA ADOPÇÃO DA TECNOLOGIA DE PRODUÇÃO DE GRÃO-DE-BICO RECOMENDADA

Divakar (2011) revealed that major suggestions made by the respondents to overcome the constraints faced by them as establishment of chickpea processing unit at nearby village (76.67 per cent), followed by provision of technical guidance about insect, pest and diseases (72.67 per cent), organize demonstrations and exhibition at before and during season (67.34 por cento), organização de testes de solos em localidades próximas antes da época (61,34 por cento), fornecimento de orientação técnica sobre o armazenamento de produtos de grão-de-bico (57,34 por cento), fornecimento de formação aos agricultores sobre a produção de grão-de-bico (52,67 por cento), estabelecimento de uma sociedade de crédito na localidade (50,00 por cento) e o leilão deve ser feito a tempo (46,00 por cento).

Umretiya (2015) revelou as principais sugestões feitas pelos inquiridos com base na pontuação média, que foram: os insumos agrícolas devem ser dados a baixo preço aos pobres e pequenos agricultores (pontuação média 2,35), seguido pela necessidade de desenvolvimento de variedades de alto rendimento com resistência contra doenças e pragas (pontuação média 2.30), um sistema de comercialização adequado deve estar disponível na área (pontuação média 2.27), sementes melhoradas devem estar disponíveis a tempo (pontuação média 2.25), o crédito deve estar disponível fácil e atempadamente a uma taxa de juro baixa (pontuação média 2.23), as instalações de irrigação devem estar disponíveis a tempo (pontuação média 2.30) e visitas atempadas por pessoal de extensão e especialista devem ser realizadas (pontuação média 2.18).

Jatapara *et al.* (2017) revelou sugestões dadas pelos produtores de grama para superar as restrições que o fornecimento de insumos de produção a taxa de subsídio (90,00 por cento), seguido de informações técnicas devem ser dadas a tempo (85,00 por cento), estabelecer centro de informações da aldeia ou quiosque em cada aldeia (65,00 por cento), o produto deve ser comprado pelo governo a uma taxa razoável (54.16%), a disponibilidade fácil de aparelhos de proteção das plantas (48,33%), os insumos agrícolas devem estar disponíveis a tempo (43,33%), deve ser dada formação para melhorar as práticas de cultivo de gramíneas (40,83%), devem ser fornecidos conhecimentos técnicos sobre insecticidas e fungicidas (20,83%) e devem estar disponíveis instalações de mercado a nível da aldeia (16,67%).

Lohare (2017) revelou as principais sugestões feitas pelos inquiridos com base na pontuação média, que foram; As organizações governamentais e não governamentais devem fornecer periodicamente os mais recentes conhecimentos de técnicas no domínio da agricultura (2,33 pontuação média), seguidos da previsão meteorológica (2,31 pontuação média), devem ser disponibilizadas variedades melhoradas (2,30 pontuação média), deve haver um contacto direto entre os produtores e Krishi Upaj Mandi (2.29), deve ser ministrada formação para a aplicação de novas técnicas (2,26), deve haver menos interferência de intermediários (2,25), devem ser disponibilizadas instalações de armazenamento (2,21), devem ser disponibilizados meios de transporte (2,17), devem ser disponibilizadas práticas agrícolas relacionadas com a conservação do solo (2,16) e os agricultores devem ser formados e motivados para a adoção de novas técnicas (2,15).

CAPÍTULO III

ORIENTAÇÃO TEÓRICA

Este capítulo é dedicado ao desenvolvimento da orientação teórica do estudo. A revisão da literatura relacionada com o estudo, apresentada no capítulo anterior, ajudou a formular a orientação teórica. O capítulo foi subdividido nas seguintes secções principais.

3.1 Quadro concetual do   estudo

3.2 Identificação de variáveis

3.3 Definições de alguns   termos comuns

3.4 O paradigma

3.1 QUADRO CONCEPTUAL DO ESTUDO

O quadro concetual apresentado na secção precedente pode ser apresentado de forma paradigmática, tendo sido desenvolvido durante o curso do estudo. O modelo apresentado na Fig. 1 e na Fig. 2 é provisório e generalizado. O formato final desse modelo é sugerido no final desta tese, no capítulo de resumo e conclusões. O modelo mostra a relação postulada entre as variáveis com base na discussão e nas suposições feitas anteriormente.

3.2 IDENTIFICAÇÃO DE VARIÁVEIS

O principal objetivo do quadro concetual desenvolvido neste estudo é fornecer uma visão abstrata do conhecimento e do nível de adoção dos agricultores sobre a tecnologia de produção de grão-de-bico recomendada e a sua interação com as características pessoais, socioeconómicas, comunicacionais, psicológicas e situacionais. Espera-se que o quadro concetual facilite a análise teórica e empírica do conhecimento e do grau de adoção dos inquiridos (Fig. 1 & 2).

3.2.1 Variáveis independentes

A maioria dos inquiridos pertencia à faixa etária média, de acordo com Patel (2006), Kamani (2007), Kumbhani (2009), Gohil (2010), Khodifad (2010), Rajput (2010), Divakar (2011), Gorfad (2012), Mavani (2012), Hadiya (2013), Patel (2016), Dhakad (2016) e Lohare (2017); tinham habilitações académicas ao nível do ensino médio ou secundário, de acordo com Gohil (2010), Khodifad (2010), Patel (2016) e Lohare (2017); tinham uma experiência agrícola média, de acordo com Jadav (2005), Gohil (2010), Lohare (2017) e Raviya (2017); tinham uma participação social média, de acordo com Chavda (2005), Savaliya (2007), Dalsaniya (2010), Gohil (2010), Khodifad (2010), Rajput (2010), Humbal (2012), Koli (2012), Hadiya (2013) e Dhakad (2016); tinham um tamanho médio de propriedade de terra de acordo com Bharad (2007), Dalsaniya (2010), Gohil (2010), Solanki (2011), Humbal (2012), Mavani (2010) e Hadiya (2013); tinham um rendimento anual médio de acordo com Kumbhani (2009), Dalsaniya (2010), Koli (2012), Mavani (2012), Hadiya (2013), Markana (2015), Sangada (2015), Dhakad (2016) e Lohare (2017); tiveram uma participação média na extensão, de acordo com Chavda (2005), Kamani (2007), Savaliya (2007), Jadeja (2008), Kumbhani (2009), Dalsaniya (2010), Gohil (2010), Solanki (2011), Humbal (2012), Hadiya (2013), Sangada (2015) e Raviya (2017); tinham uma exposição média de massa média de acordo com Tavethiya (2006), Bharad (2007), Borole (2010), Rajput (2010), Solanki (2011), Humbal (2012), Koli (2012), Mavani (2012), Dhakad (2016), Lohare (2017) e Raviya (2017); tinham um nível médio de capacidade de inovação de acordo com Chavda (2005), Gohil (2010), Rajput (2010), Solanki (2011), Humbal (2012), Mavani (2012) e Raviya (2017);

tinham uma orientação científica média de acordo com Makwana (2005), Patel (2005), Rabari (2006), Athwale (2009), Rathod (2009), Shitre (2010), Sangada (2015), Umretiya (2015), Dhakad (2016) e Lohare (2017); tinha um nível médio de orientação para o risco de acordo com Chauhan (2008), Gohil (2010), Khodifad (2010), Divakar (2011), Solanki (2011) e Koli (2012); tinha uma potencialidade de irrigação média de acordo com Bharad (2007), Gohil (2010), Gorfad (2012) e Dhakad (2016); tinha uma intensidade de cultivo média de acordo com Chavda (2005), Bharad (2007), Kamani (2007), Kumbhani (2009), Gohil (2010), Divakar (2011), Markana (2015) e Raviya (2017); bem como tinha um nível médio de índice de rendimento de acordo com Gohil (2010), Gorfad (2012), Koli (2012), Hadiya (2013), Raviya (2017) Datta (2018).

3.2.2 Variáveis dependentes

3.2.2.1 Nível de conhecimentos

O conhecimento é o conjunto de informações compreendidas que um indivíduo possui. O conhecimento é considerado como o comportamento e as situações de teste que enfatizam a recordação, seja por reconhecimento ou recordação de ideias, materiais ou fenómenos. O conhecimento é a função de um processo de decisão de inovação quando "o indivíduo é exposto à existência de uma inovação e ganha alguma compreensão das suas funções". Existem três componentes do conhecimento, a saber

1. "Conhecimento de consciencialização", que se refere à informação de que a inovação existe.
2. "How to knowledge", que se refere à informação necessária para utilizar corretamente uma inovação.
3. "Conhecimento de princípio" que compreende o funcionamento.

Partindo da discussão anterior, o conhecimento é considerado como um conjunto de "informação compreendida" e "conhecimento de como fazer" que os agricultores possuem sobre a tecnologia de produção recomendada para o grão-de-bico.

A maioria dos inquiridos tinha um nível médio de conhecimentos de acordo com Tavethiya (2006), Bharad (2007), Jadeja (2008), Chander *et al.* (2009), Kumbhani (2009), Sangeetha *et al.* (2009), Dalsaniya (2010), Divakar (2011), Koli (2012), Hadiya (2013), Umretiya (2015), Dhakad (2016) e Lohare (2017).

3.2.1.2 Grau de adoção

A adoção refere-se tanto à aceitação mental como à utilização de uma nova tecnologia. Ramsey *et al.* (1959) conceberam a adoção como adoção cognitiva e adoção comportamental. A adoção cognitiva envolve decisões e mudanças complexas. Envolve o conhecimento de práticas de avaliação crítica relacionadas com a situação individual. A adoção comportamental consiste na utilização efectiva das práticas.

No presente estudo, a adoção comportamental é definida como o uso da tecnologia de produção de grão-de-bico recomendada de forma continuada. Assim, a adoção é um tipo de ação social e é conceituada como uma pré-disposição comportamental manifestada na aceitação de uma nova tecnologia, conhecida por aumentar a produtividade e a renda do agricultor. No presente estudo, procurou-se compreender em que medida os agricultores adoptaram a tecnologia recomendada para o grão-de-bico nas suas explorações e quais os factores que influenciaram o comportamento de adoção.

A maioria dos inquiridos pertencia ao grupo de adoção média, de acordo com Parmar (2006), Tavethiya (2006), Dalsaniya (2010), Humbal (2012), Kangli (2012), Koli (2012), Hadiya (2013), Neethi e Sailaja (2013), Lohare (2017) e Raviya (2017).

3.2.3 Associação entre variáveis dependentes e independentes
3.2.3.1 Conhecimentos e variáveis independentes
Considerou-se que a associação entre duas variáveis (independente e dependente) fornece a força, a direção e o efeito de uma variável sobre a outra incluída no presente estudo. Foram feitas tentativas para verificar o grau de associação entre as variáveis e a sua direção.

No que diz respeito à associação entre as características seleccionadas dos inquiridos e o seu nível de conhecimentos, observou-se que a idade tinha uma associação positiva e não significativa com o nível de conhecimentos, de acordo com Chavda (2005), Singh (2007), Rajput (2010), Lohare (2017) e Raviya (2017); a educação teve uma associação positiva e significativa com o nível de conhecimentos, de acordo com Parmar (2006), Singh (2007), Chauhan (2008), Jadeja (2008), Satasiya (2008), Dalsaniya (2010), Rajput (2010), Lohare (2017) e Raviya (2017); a experiência agrícola teve uma associação positiva e significativa com o nível de conhecimentos, de acordo com Patel *et al.* (2002), Patel *et al.* (2003), Sangeetha *et al. (*2009) e Lohare (2017); a participação social teve uma associação positiva e significativa com o nível de conhecimentos, de acordo com Chavda (2005), Vasava (2005), Tavethiya (2006), Dalsaniya (2010), Rajput (2010), Humbal (2012) e Lohare (2017); a dimensão da propriedade fundiária teve uma associação positiva e não significativa com o nível de conhecimentos, de acordo com Chauhan (2008), Satasiya (2008), Dalsaniya (2010) e Raviya (2017); o rendimento anual teve uma associação positiva e significativa com o nível de conhecimentos, de acordo com Joshi (2004) e Lohare (2017); a participação na extensão teve uma associação positiva e altamente significativa com o grau de conhecimento, de acordo com Sahoo (2004), Humbal (2012), Hadiya (2013) e Raviya (2017); a exposição aos meios de comunicação social teve uma associação positiva e significativa com o grau de conhecimento, de acordo com Sahoo (2004), Tavethiya (2006), Dalsaniya (2010), Rajput (2010), Humbal (2012) e Lohare (2017) a inovatividade teve associação positiva e significativa com o nível de conhecimento, de acordo com Patel (2005), Chauhan (2008), Satasiya (2008), Kumbhani (2009) e Rajput (2010); a orientação científica teve associação positiva e significativa com o nível de conhecimento, de acordo com Sangeetha *et al.* (2009), Lohare (2017) e Raviya (2017); a orientação para o risco teve uma associação positiva e significativa com o nível de conhecimentos, de acordo com Patidar (2008), Basanayak (2009) e Datta (2018); a potencialidade da irrigação teve uma associação positiva e significativa com o nível de conhecimentos, de acordo com Chavda (2005), Tavethiya (2006), Chauhan (2008), Dalsaniya (2010), Humbal (2012) e Raviya (2017); a intensidade de cultivo teve associação positiva e significativa com o nível de conhecimento de acordo com Chavda (2005), Tavethiya (2006), Satasiya (2008) e Dalsaniya (2010); o índice de rendimento teve associação positiva e altamente significativa com o nível de conhecimento de acordo com Raviya (2017) e Datta (2018).

3.2.3.2 Adoção e variáveis independentes
No que diz respeito à associação entre as características seleccionadas dos inquiridos e o seu nível de adoção, observou-se que a idade tinha uma associação positiva e significativa com o grau de adoção, de acordo com Verma (2009), Rajput (2010), Divakar (2011) e Lohare (2017); a educação tinha uma associação positiva e significativa com o grau de adoção, de acordo com Verma (2009), Rajput (2010), Divakar (2011) e Lohare (2017); a experiência agrícola tinha uma associação positiva e significativa com o grau de adoção, de acordo com Rajput (2010) e Lohare (2017); a participação social teve associação positiva e significativa com a extensão da adoção de acordo com Tavethiya (2006), Satasiya (2008), Verma (2009),

Dalsaniya (2010), Rajput (2010), Divakar (2011), Humbal (2012) e Lohare (2017); o tamanho da propriedade teve associação positiva e não significativa com a extensão da adoção de acordo com Raviya (2017) e Datta (2018); o rendimento anual teve uma associação positiva e significativa com a extensão da adoção de acordo com Parmar (2006), Verma (2009), Rajput (2010), Divakar (2011), Gorfad (2012) e Lohare (2017); a participação na extensão teve uma associação positiva e altamente significativa com a extensão da adoção de acordo com Hadiya (2013) e Raviya (2017); a exposição aos meios de comunicação social teve uma associação positiva e significativa com o grau de adoção de acordo com Tavethiya (2006), Dalsaniya (2010), Gorfad (2012), Lohare (2017) e Raviya (2017); a inovatividade teve uma associação positiva e significativa com o grau de adoção de acordo com Tavethiya (2006), Satasiya (2008), Dalsaniya (2010) e Rajput (2010); a orientação científica teve uma associação positiva e significativa com o grau de adoção de acordo com Joshi (2004), Patel (2005), Umretiya (2015) e Lohare (2017); a orientação para o risco teve uma associação positiva e significativa com o grau de adoção de acordo com Verma (2009) e Divakar (2011); a potencialidade de irrigação teve uma associação positiva e significativa com o grau de adoção de acordo com Tavethiya (2006), Satasiya (2008), Kumbhani (2009) e Gorfad (2012); a intensidade de cultivo teve uma associação positiva e significativa com o grau de adoção de acordo com Tavethiya (2006), Satasiya (2008), Divakar (2011) e Gorfad (2012); o índice de rendimento teve uma associação positiva e altamente significativa com o grau de adoção de acordo com Raviya (2017) e Datta (2018).

3.2.5 Restrições

As dificuldades ou problemas enfrentados pelos produtores de grão-de-bico na adoção da tecnologia de produção de grão-de-bico foram considerados como constrangimentos.

Os constrangimentos enfrentados pelos produtores de grão-de-bico estavam principalmente relacionados com o mercado, com a produção e proteção das culturas e com o armazenamento, ou seja unavailability of chickpea processing unit nearby village, poor knowledge about insect pest and diseases, number of demonstration and exhibition are less, lack of knowledge about seed treatment, unavailability of soil testing facilities at nearby locality, lack of knowledge about storage of chickpea produce, unavailability of training facilities about chickpea cultivation before season, unavailability of village credit society in the locality, lack of timely availability of certified seed at local level, lack of market, lack of timely & adequada de água de irrigação, custo mais elevado dos factores de produção agrícola e falta de disponibilidade atempada de mão de obra agrícola, operações de acordo com Divakar (2011), Chandavat *et al.*(2012), Umretiya (2015), Dhakad (2016), Jatapara *et al.* (2017) e Lohare (2017).

3.2.6 Sugestões

As formas e meios ou opiniões sugeridas pelos inquiridos para ultrapassar os constrangimentos na adoção da tecnologia de produção de grão-de-bico foram consideradas como sugestões neste estudo.

As sugestões para superar os constrangimentos foram as seguintes estabelecer uma unidade de processamento de grão-de-bico numa aldeia próxima, fornecer orientação técnica sobre pragas e doenças de insectos, organizar demonstrações e exposições antes e durante a estação, organizar instalações de teste de solo numa localidade próxima antes da estação, fornecer orientação técnica sobre o armazenamento de produtos de grão-de-bico, fornecer instalações de formação aos agricultores sobre a produção de grão-de-bico, fornecer insumos de produção a uma taxa subsidiada, desenvolver variedades de alto rendimento com resistência contra doenças e pragas, deve haver um sistema de comercialização adequado na área, sementes melhoradas devem estar disponíveis a tempo, o crédito deve estar disponível de forma fácil e atempada a uma taxa de juro baixa, as instalações de irrigação devem estar disponíveis a tempo e visitas atempadas por pessoal de extensão e especialista, estabelecer um centro de informação ou quiosque em cada aldeia, o produto deve ser comprado pelo governo a uma taxa razoável, fácil disponibilidade de aparelhos de proteção de plantas, conhecimento técnico de insecticidas e fungicidas deve ser fornecido e a previsão do tempo deve ser disponibilizada de acordo com Divakar (2011), Umretiya (2015), Jatapara *et al.* (2017) e Lohare (2017).

3.3 DEFINIÇÕES DE ALGUNS TERMOS COMUNS

3.3.1 Conhecimentos

É o conjunto de informações compreendidas que um indivíduo possui em relação à tecnologia de produção recomendada para o grão-de-bico.

3.3.2 Adoção

É uma decisão de continuar a utilizar uma inovação. Neste estudo, significa a aceitação da utilização plena da tecnologia de produção de grão-de-bico recomendada pela JAU.

3.3.3 Idade

Refere-se à idade real dos inquiridos em anos completos, ou seja, à idade cronológica dos inquiridos.

3.3.4 Educação

É a capacidade dos agricultores para ler e escrever ou a educação formal recebida até um determinado nível. É o nível de literacia do agricultor.

3.3.5 Experiência na exploração agrícola

É o número de anos de envolvimento prático do produtor de grão-de-bico no cultivo e na produção de grão-de-bico.

3.3.6 Participação social

Refere-se à participação dos inquiridos em organizações locais formais e informais.

3.3.7 Dimensão da propriedade fundiária

É o número de hectares de terra que um agricultor possui e cultiva.

3.3.8 Rendimento anual

Isto indica o rendimento anual total que os inquiridos obtiveram com a agricultura e as actividades conexas em conjunto.

3.3.9 Participação na extensão

É definida como o grau em que um indivíduo participa em várias actividades educativas não formais, incluindo o contacto individual, o contacto em grupo e os métodos de contacto em massa, com vista a obter novas informações, conhecimentos e competências.

3.3.10 Exposição aos meios de comunicação social

É operacionalizado como o grau de contacto dos agricultores e a utilização de várias fontes de informação, como a rádio, a televisão, a demonstração, a imprensa escrita, a feira agrícola e o dia do agricultor, etc., para uma boa produção agrícola.

3.3.11 Capacidade de inovação

A inovatividade é definida operacionalmente como o grau em que um agricultor é relativamente precoce na adoção de novas ideias.

3.2.12 Orientação científica

É conceptualizado como o grau em que os produtores de grão-de-bico estão orientados para a utilização de métodos científicos nas ocupações agrícolas.

3.2.13 Orientação para o risco

É o grau em que os inquiridos estão orientados para o risco e a incerteza na profissão.

3.3.13 Potencialidade de irrigação

Trata-se das potencialidades de irrigação na parte da área total para a qual os inquiridos dispõem de instalações de irrigação.

3.3.14 Intensidade da cultura

É a percentagem da proporção entre a superfície cultivada total e a superfície cultivada líquida.

3.3.15 Índice de rendimento

O índice de rendimento do grão-de-bico foi definido como o rendimento médio do grão-de-bico dos produtores de grão-de-bico em comparação com o rendimento potencial do grão-de-bico na estação de investigação ou na parcela de investigação, em termos de percentagem.

3.3.16 Restrições

Refere-se aos itens de dificuldade enfrentados pelos agricultores na adoção das práticas recomendadas para o grão-de-bico.

3.3.17 Sugestões

As sugestões oferecidas pelos inquiridos para ultrapassar os constrangimentos no conhecimento e na adoção das práticas recomendadas para o grão-de-bico.

3.4 O PARADIGMA

O quadro concetual apresentado na secção anterior foi apresentado de forma paradigmática, tendo sido desenvolvido durante o curso do estudo. Os modelos apresentados na figura 1 e na figura 2 foram provisórios e generalizados. A forma final desse modelo foi sugerida no final desta tese, no capítulo de resumo e conclusão, quando a investigação produziu informações sobre as características dos produtores de grão-de-bico, o seu nível de conhecimento e adoção da tecnologia de produção de grão-de-bico.

Nos modelos provisórios apresentados na figura 1, havia catorze características dos produtores de grão-de-bico, que podem estar associadas ao seu nível de conhecimentos.

Nos modelos provisórios apresentados na figura 2, havia catorze características dos produtores de grão-de-bico, que podem estar associadas ao seu nível de adoção.

Variável independente

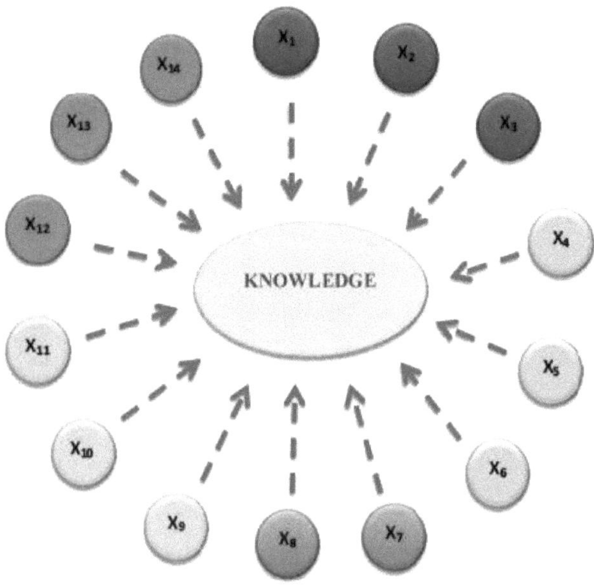

Xi = Idade

X2 = Educação

X3 = Experiência agrícola

X4 = Participação social

X5 = Dimensão da exploração fundiária

X6 = Rendimento anual

X7 = Participação na extensão

Xg = Exposição aos meios de comunicação social

X9 = Capacidade de inovação

X10 = Orientação científica

Xu = Orientação para o risco

X12 = Potencialidade de irrigação

X13 = Intensidade da cultura

Xi4= Índice de rendimento

Fig. 1: Modelo concetual provisório que mostra características seleccionadas dos produtores de grão-de-bico associadas ao seu grau de conhecimento sobre a tecnologia de produção de grão-de-bico

Variável independente

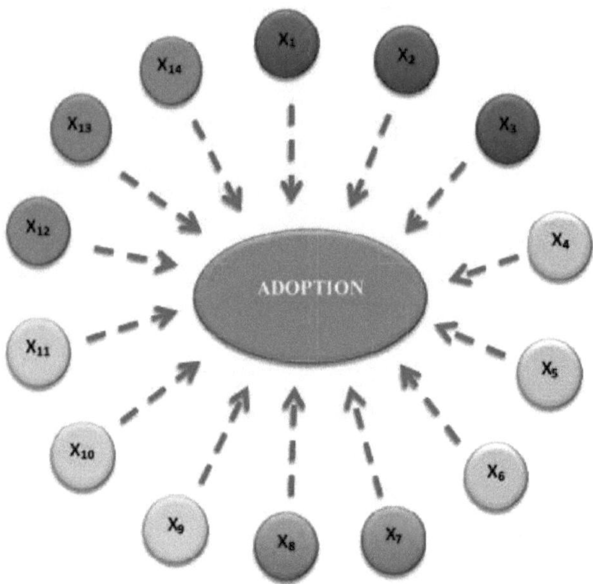

X1 = Idade

X2 = Educação

X3 = Experiência agrícola

X4 = Participação social

X5 = Dimensão da exploração fundiária

X6 = Rendimento anual

X7 = Participação na extensão

X8 = Exposição aos meios de comunicação social

X9 = Capacidade de inovação

x10 = Orientação científica

x11 = Orientação para o risco

x12 = Potencialidade de irrigação

x13 = Intensidade da cultura

x14 = Índice de rendimento

Fig. 2: Modelo concetual provisório que mostra as características seleccionadas dos produtores de grão-de-bico associadas ao seu grau de adoção da tecnologia de produção de grão-de-bico

CAPÍTULO IV

METODOLOGIA DE INVESTIGAÇÃO

A metodologia é o plano pormenorizado da investigação e o projeto de procedimento sobre a forma como a investigação foi realizada. Este capítulo trata da descrição do procedimento seguido para efetuar a investigação. Contém informações sobre a seleção da área, os instrumentos e as técnicas utilizados para a recolha de dados, o processo de amostragem e o quadro estatístico utilizado para a análise dos dados. Este capítulo inclui também a explicação do procedimento de medição das variáveis dependentes e independentes em estudo. A metodologia adoptada para atingir os objectivos é descrita neste capítulo sob os seguintes títulos:

4.1 Identificação do problema

4.2 Fontes dos dados

4.3 Área do estudo

4.4 Conceção da investigação

4.5 Técnicas de amostragem

4.6 Medição de variáveis

4.6.1 Variáveis independentes

4.6.2 Variáveis dependentes

4.7 Constrangimentos enfrentados pelos inquiridos na adoção

4.8 Sugestões dos inquiridos para ultrapassar os constrangimentos

4.9 Instrumentos de recolha de dados e procedimentos no terreno

4.10 Análise dos dados

4.11 Hipóteses de investigação (na forma nula)

4.1 IDENTIFICAÇÃO DO PROBLEMA

A Universidade Agrícola de Junagadh desenvolveu e recomendou vários pacotes de práticas para a cultura do grão-de-bico e comunicou-os à comunidade agrícola através de centros de transferência de tecnologia como o SSK (Sardar Smruti Kendra) Junagadh, a Unidade de Aconselhamento Agrícola - Junagadh, os KVK (Krishi Vigyan Kendra) da JAU, os funcionários da extensão e os FTC (Farmer Training Centers) do Departamento de Agricultura do Estado para adoção. Por conseguinte, é necessário centrar a atenção no nível de conhecimentos e no grau de adoção das práticas recomendadas para a cultura do grão-de-bico, bem como nas dificuldades sentidas pelos agricultores na adoção destas tecnologias.

Nesta perspetiva, o presente estudo foi concebido para avaliar os conhecimentos e o grau de adoção das práticas recomendadas para a produção de grão-de-bico pelos agricultores do distrito de Junagadh. A ideia do problema de investigação foi discutida com o conselheiro principal e outros peritos na matéria. Considerou-se que um estudo desta natureza seria frutuoso para os cientistas, investigadores, educadores, administradores e funcionários da extensão, no sentido de modificar e reestruturar eficazmente a estratégia de investigação e extensão. Decidiu-se, portanto, realizar um estudo sobre **"Conhecimento e adoção pelos agricultores da tecnologia de produção de grão-de-bico no distrito de Junagadh"**.

4.2 FONTES DOS DADOS

A informação básica relativa ao estudo foi recolhida nos registos das aldeias, talukas e panchayat distrital. Após o inquérito primário, foi elaborado um programa de entrevistas à luz dos objectivos e os inquiridos foram entrevistados pessoalmente pelo investigador. Os dados secundários e outras informações relevantes para o estudo foram recolhidos nos livros de referência, relatórios, boletins e publicações periódicas sobre o assunto publicados por diferentes autores, organizações, instituições e agências.

4.3 ÁREA DO ESTUDO

O estudo foi efectuado no distrito de Junagadh, no Estado de Gujarat. O distrito de Junagadh é um dos principais distritos produtores de grão-de-bico da zona agro-climática de Saurashtra Sul do Estado de Gujarat. Por conseguinte, o presente estudo foi efectuado no distrito de Junagadh pelas seguintes razões

1. O grão-de-bico é uma das principais culturas de leguminosas de grão-rábano cultivadas no distrito de Junagadh.

2. Até agora, foram realizados muito poucos estudos no distrito de Junagadh sobre o aspeto específico do conhecimento e da adoção pelos agricultores das práticas recomendadas para o cultivo do grão-de-bico.

3. O investigador pertencia ao distrito de Junagadh, pelo que estava bastante familiarizado com as pessoas, a língua e as condições agrícolas da zona, o que o ajudaria a estabelecer uma boa relação com os agricultores para obter uma resposta satisfatória na recolha de dados para o estudo.

4.4 CONCEPÇÃO DA INVESTIGAÇÃO

O estudo foi realizado com base numa conceção de investigação *ex-post facto*. Trata-se de uma investigação empírica sistemática em que o cientista não tem controlo direto sobre as variáveis independentes porque as suas manifestações já ocorreram ou porque não são inerentemente manipuladas (Kerlinger, 1969).

4.5 TÉCNICAS DE AMOSTRAGEM

Para este estudo, foram utilizadas técnicas de amostragem multiestágio, intencional e aleatória. As técnicas de amostragem são descritas a seguir.

4.5.1 Seleção do distrito

O distrito de Junagadh, na região de Saurashtra, foi selecionado propositadamente, uma vez que este distrito tem condições ideais para o cultivo do grão-de-bico.

4.5.2 Seleção das Talukas

O distrito de Junagadh é composto por nove talukas e, de entre elas, 4 talukas, ou seja, Maliya, Keshod, Junagadh e Mendarda, foram seleccionadas propositadamente para o estudo devido à área favorável de produção de grão-de-bico e à área familiar para o investigador.

4.5.3 Seleção das aldeias

Foram seleccionadas aleatoriamente três aldeias de cada uma das talukas seleccionadas. Assim, foram seleccionadas para o estudo um total de 12 aldeias.

4.5.4 Seleção dos inquiridos

Seguiu-se um procedimento de amostragem aleatória para a seleção dos inquiridos e, consequentemente, foram seleccionados como inquiridos dez produtores de grão-de-bico de cada aldeia. Assim, foram seleccionados para o estudo 120 produtores de grão-de-bico.

Quadro 2: Talukas, aldeias e inquiridos seleccionados do distrito de Junagadh para inquérito ou recolha de dados

Taluka		Aldeia		Número de inquiridos seleccionados
Sr. Não.	Nome do Taluka	Sr. Não.	Nome da aldeia	

I	Maliya	1.	Bhanduri	10
		2.	Matar vaniya	10
		3.	Amarapur	10
II	Keshod	1.	Bamnasa	10
		2.	Char	10
		3.	Panchala	10
III	Junagadh	1.	Vadal	10
		2.	Choki	10
		3.	Katharota	10
IV	Mendarda	1.	Jinjula	10
		2.	Araniyala	10
		3.	Shimashi	10
Total				**120**

ESTADO DO GUJARAT

Talukas seleccionadas para o inquérito no distrito de Junagadh

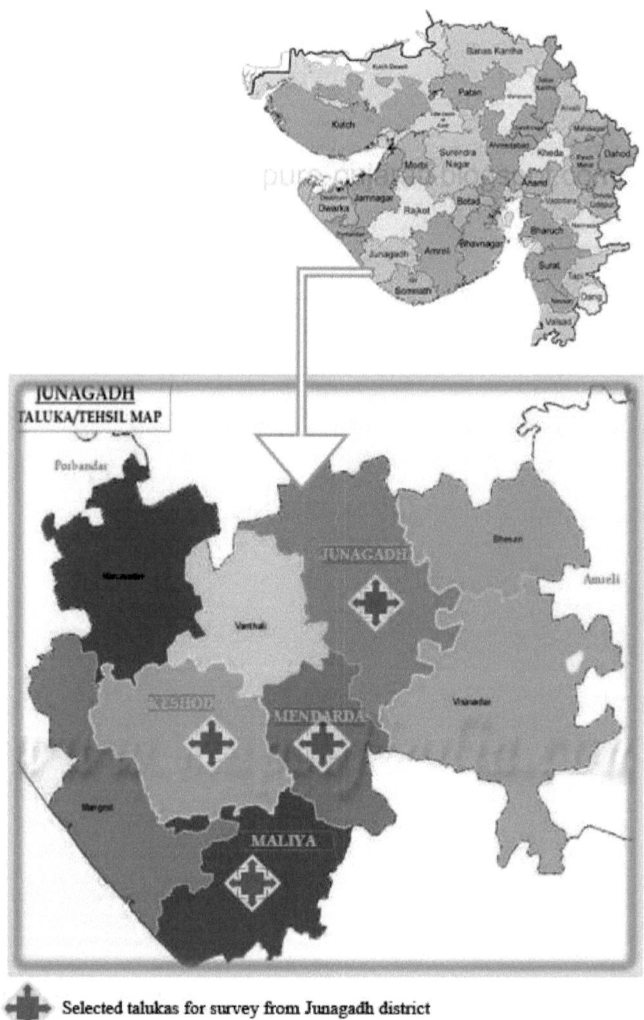

Selected talukas for survey from Junagadh district

Fig. 3: Mapa do distrito de Junagadh mostrando os talukas seleccionados

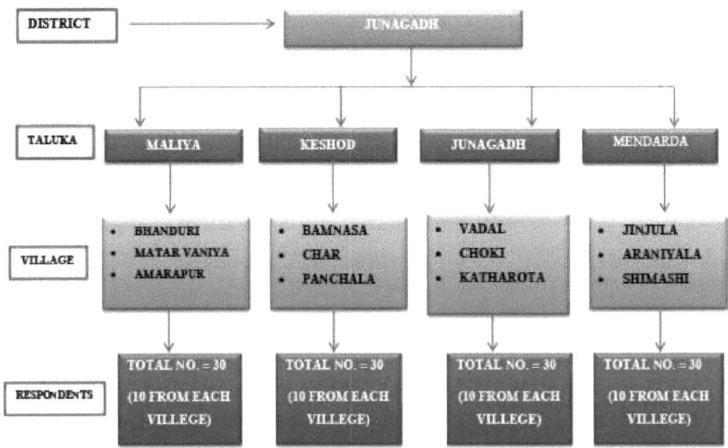

Fig. 4: Técnicas de amostragem utilizadas no estudo

4.6.1 Medição das variáveis independentes

N.º Sr.	Variáveis	Técnicas de medição
(I)	**Características pessoais**	
1.	Idade	Foi utilizado um calendário estruturado.
2.	Educação	Escala desenvolvida por Pandya e Pandya (2008).
3.	Experiência agrícola	Escala desenvolvida por Bora (1986).
(II)	**Características socioeconómicas**	
4.	Participação social	Escala desenvolvida por Subramanium (1986).
5.	Dimensão da exploração agrícola	Foi utilizado um calendário estruturado.
6.	Rendimento anual	Escala desenvolvida por Pandya e Pandya (2008)
(III)	**Características de comunicação**	
7.	Participação na extensão	Escala desenvolvida por Siddaramaiah e Jalihal (1983).
8.	Exposição nos meios de comunicação social	Foi utilizado um calendário estruturado.
(IV)	**Características psicológicas**	
9.	Inovação	Escala desenvolvida por Singh (1977).
10.	Orientação científica	Escala desenvolvida por Supe (1969)
11.	Orientação para o risco	Escala desenvolvida por Supe (1969)
(V)	**Características situacionais**	
12.	Potencialidade de irrigação	Escala desenvolvida por Geetahkutty (1993).
13.	Intensidade da cultura	Fórmula desenvolvida por Singh (1981).
14.	Índice de rendimento	Foi utilizada a fórmula prescrita.

1) CARACTERÍSTICAS PESSOAIS

4.6.1.1 Idade

A idade foi considerada como o número de anos completos dos inquiridos à data da entrevista e arredondada para os anos mais próximos. Os inquiridos foram classificados em três grupos.

N.º Sr.	Idade	Pontuação
1.	Grupo etário jovem (até 35 anos)	1
2.	Grupo de meia-idade (36 a 50 anos)	2
3.	Grupo de idade avançada (mais de 50 anos)	3

4.6.1.2 Educação

A educação dos inquiridos foi medida como o nível de educação em termos do nível de ensino que os inquiridos tinham passado. Os inquiridos foram divididos em diferentes categorias de acordo com o seu nível de educação em termos do nível de ensino que ultrapassaram. Foi medido com a ajuda de uma escala desenvolvida por Pandya e Pandya (2008). Os inquiridos foram classificados em várias categorias com base na frequência e na percentagem, como se segue;

N.º Sr.	Nível de educação	Pontuação
1.	Faculdade / Pós-graduação	5
2.	Ensino secundário superior	4
3.	Ensino médio ou secundário	3
4.	Escola primária	2
5.	Literacia funcional	1
6.	Analfabeto	0

4.6.1.3 Experiência agrícola

Foi medida com a ajuda da escala desenvolvida por Bora (1986). Para medir a experiência agrícola, foi atribuída uma pontuação por cada ano para um aprendiz informal durante a juventude sob a supervisão de um membro sénior da família. Foram atribuídas duas pontuações por cada ano ao inquirido como agricultor adulto que trabalhou de forma independente na gestão da sua exploração agrícola. A soma destas duas categorias de pontuação foi considerada como a pontuação do inquirido para a experiência agrícola.

Os inquiridos foram classificados nos três grupos seguintes, com base na média e no S.D., a saber

Baixa experiência agrícola=< Média - S.D.

Experiência média na exploração = Média ± S.D.

Experiência agrícola elevada=> Média + S.D.

(II) CARACTERÍSTICAS SOCIOECONÓMICAS

4.6.1.4 Participação social

Foi medida com a ajuda da escala desenvolvida por Subramanium (1986) com as modificações necessárias para se adequar ao presente estudo. As pontuações foram atribuídas da seguinte forma.

Sr. Não.	Organização	Posição		Participação em actividades		
		Membro	Posição	Regular	Ocasionalmente	Nunca
	Pontuação	(1)	(2)	(2)	(1)	(0)
(A)	Em Village					
1.	Gram Panchayat					
2.	Cooperativa de leite Sociedade					
3.	Cooperativa					

	Sociedade de serviços					
4.	Clube de jovens					
5.	Clube de Agricultores					
(B)	**Aldeia exterior**					
1.	Taluka Panchayat					
2.	Distrito Panchayat					
3.	Agricultores União/Clube					
4.	Pátio do mercado					
5.	Outros					

Para obter a pontuação final da participação social de cada inquirido, a pontuação atribuída à filiação foi multiplicada pela pontuação atribuída à participação em reuniões e somada para todas as organizações. Os inquiridos foram agrupados em três categorias, como se segue:

Baixa participação   social-<   Média -S   . D.

   Participação social média-Média   +S   . D.

Participação social   elevada->   Média +S   . D.

4.6.1.5 Dimensão da exploração fundiária

Foi medido com a ajuda de um calendário estruturado com base no total de terras possuídas pelos inquiridos. Com base na terra possuída em hectares, os inquiridos foram agrupados em três categorias.

N.º Sr.	Dimensão da propriedade fundiária	Pontuação
1.	Pequena dimensão da exploração fundiária (inferior a 1 ha.)	1
2.	Exploração agrícola de dimensão média (1 a 2 ha.)	2
3.	Grande dimensão da exploração agrícola (mais de 2 ha.)	3

4.6.1.6 Rendimento anual

Isto indica que o rendimento anual total, expresso em rupias, auferido pelos inquiridos em empresas agrícolas e não agrícolas, foi calculado em conjunto. O rendimento efetivo em termos monetários foi tido em conta com base no rendimento anual. Os inquiridos foram agrupados em cinco categorias utilizando a escala desenvolvida por Pandya e Pandya (2008). A frequência e a percentagem foram calculadas para cada categoria de rendimento anual como muito elevado, elevado, médio, baixo e muito baixo, respetivamente, como se segue;

N.º Sr.	Rendimento anual	Pontuação
1.	Acima de t 2,00,000	5
2.	t 1,50,001 a t 2,00,000	4
3.	t 1,00,001 a t 1,50,000	3
4.	t 50,001 a t 1,00,000	2
5.	Até t 50.000	1

(III)   CARACTERÍSTICAS DE COMUNICAÇÃO

4.6.1.7 Participação na extensão

O grau de contacto de um agricultor com diferentes agências de extensão e a sua participação em várias actividades ou programas de extensão, como reuniões, seminários, etc., foram considerados como participação na extensão.

Foi medida com a ajuda da escala de participação na extensão desenvolvida por Siddaramaiah e Jalihal (1983).

Sr. Não.	Nome das actividades de extensão	Sim/Não	Ponderação
1.	Realização de demonstrações no seu domínio		9.50
2.	Conversou com os extensionistas		6.84
3.	Participaram em dias de campo nos campos dos agricultores		6.63
4.	Participação em reuniões de extensão		6.60
5.	Já viu o terreno de demonstração do seu vizinho e teve uma conversa com ele		6.16
6.	Participou no Krushi Mela?		4.84
7.	Visitou uma exposição agrícola		2.79
8.	Já leu as publicações de extensão		1.89
9.	Ouvir rádio sobre agricultura		1.50
10.	Programas de televisão sobre agricultura		1.50

Índice de participação na extensão= O valor total da pontuação atual x 100

Pontuação total possível

Os inquiridos foram agrupados em três categorias com base na média e no desvio-padrão.

Baixa participação na extensão=<   Média - S. D.

Participação da extensão média = Média + S. D.

Elevada participação na   extensão=>   Média + S. D.

4.6.1.8 Exposição aos meios de comunicação social

Para medir a exposição dos inquiridos aos meios de comunicação social, foram atribuídas pontuações aos inquiridos com base na frequência da sua utilização de várias fontes de informação. As pontuações atribuídas às várias frequências de utilização foram: regularmente (3 pontos), frequentemente (2 pontos), uma vez por semana (1 ponto) e de modo algum (0 pontos).

Assim, a pontuação atribuída a cada tipo de fontes de informação pelos inquiridos foi somada. A soma total da pontuação, assim obtida, foi considerada como um índice de exposição dos inquiridos aos meios de comunicação social.

Sr. Não.	Exposição nos meios de comunicação social	Regularmente (3)	Frequentemente (2)	Uma vez por semana (1)	De modo algum (0)
1.	Rádio				
2.	Televisão				
3.	Jornal				
4.	Literatura impressa				
5.	Agril. Exposição				
6.	Demonstração				
7.	Nível universitário (KVK)				
8.	Número da linha de apoio .				

	1551				
9.	Qualquer outro				

De acordo com a exposição dos inquiridos aos meios de comunicação social, a média e o padrão

Foram elaborados desvios e os inquiridos foram agrupados em três categorias: baixa, média e alta.

Baixa exposição aos meios de comunicação social-< Média - S. D.

Exposição média aos meios de comunicação de massas-Média + S. D.

Exposição elevada aos meios de comunicação social-> Média + S. D.

(IV) CARACTERÍSTICAS PSICOLÓGICAS

4.6.1.9 Inovação

A capacidade de inovação é definida operacionalmente como o grau em que um agricultor é relativamente precoce na adoção de novas ideias. O procedimento desenvolvido por Singh (1977) foi utilizado com ligeiras modificações para medir o carácter inovador dos beneficiários. Foram dadas respostas e pontuações de cinco tipos, com o seguinte procedimento de pontuação

N.º Sr.	Item	Pontuação
1.	Logo que tenha conhecimento do facto	5
2.	Depois de ver uma demonstração com melhores resultados	4
3.	Depois de ver outros agricultores a utilizá-lo com sucesso	3
4.	Depois de o ter experimentado na minha própria quinta	2
5.	Prefiro esperar e levar o meu próprio tempo	1

Os inquiridos foram agrupados em três categorias com base na média e no desvio-padrão.

Baixa capacidade de inovação-< Média - S. D.

Inovação média-Média + S. D.

Inovação elevada-> Média + S. D.

4.6.1.10 Orientação científica

Foi medido com a ajuda de uma escala desenvolvida por Supe (1969). O acordo ou desacordo dos agricultores foi obtido em relação a cada afirmação. A escala consistia num total de seis afirmações, das quais as cinco primeiras eram positivas e a sexta era negativa. A resposta dos agricultores a cada afirmação foi obtida em termos de concordância ou discordância, numa escala contínua de cinco pontos, variando de concordo totalmente a discordo totalmente. As afirmações positivas e negativas são pontuadas da seguinte forma.

Declaração	Concordo plenamente	De acordo	Indecisos	Não concordo	Discordo totalmente
Positivo	5	4	3	2	1
Negativo	1	2	3	4	5

A pontuação final foi calculada através da soma das pontuações obtidas pelos inquiridos para todas as afirmações. Os agricultores foram classificados em três categorias com base na média e no desvio-padrão, ou seja, "baixa orientação científica", "média orientação científica" e "alta orientação científica".

Sr.	Declaração	SA	A	UD	DA	SDA

Não.						
1. (+)	Os novos métodos de cultivo dão melhores resultados a um agricultor do que os métodos antigos.					
2. (+)	Mesmo os agricultores com muita experiência devem utilizar novos métodos de cultivo.					
3. (+)	Embora leve tempo para um agricultor aprender novos métodos de cultivo, vale a pena o esforço.					
4. (+)	Um bom agricultor experimenta novas ideias na agricultura.					
5. (+)	Os métodos tradicionais de agricultura têm de ser alterados a fim de aumentar o nível de vida dos agricultores.					
6. (-)	A forma como os antepassados do agricultor cultivavam continua a ser a melhor forma de cultivar atualmente.					

4.6.1.11 Orientação para os riscos

A orientação para o risco é descrita como o grau em que um indivíduo está orientado para o risco, a incerteza e a coragem para enfrentar o risco na agricultura.

A disponibilidade do agricultor para assumir riscos foi medida através de uma escala desenvolvida por Supe (1969). A escala era constituída por seis afirmações. Destas, as primeiras quatro afirmações tinham um carácter positivo e as restantes duas tinham um carácter negativo. No caso das afirmações positivas, foi atribuída uma pontuação de 5, 4, 3, 2, 1 e, no caso das afirmações negativas, a pontuação foi inversa. Tendo em conta a pontuação dos inquiridos, estes foram agrupados em três categorias, a saber, "orientação para baixo risco", "orientação para médio risco" e "orientação para alto risco", com a ajuda da média e do desvio-padrão.

Sr. Não.	Declaração	SA	A	UD	DA	SDA
1. (+)	Um agricultor deve preferir correr mais riscos para obter um grande lucro do que contentar-se com um lucro menor, mas menos arriscado.					
2. (+)	Um agricultor que esteja disposto a correr mais riscos do que o agricultor médio, geralmente tem melhores resultados financeiros.					
3. (+)	É bom para um agricultor correr riscos quando sabe que as suas hipóteses de sucesso são bastante elevadas.					
4. (+)	A experimentação de um método totalmente novo na agricultura por um agricultor envolve riscos, mas vale a pena fazê-lo.					
5. (-)	Um agricultor deve cultivar um grande número de culturas para evitar os maiores riscos inerentes a uma ou duas culturas.					

6. (-)	É preferível que um agricultor não experimente um novo método agrícola, a menos que a maioria dos outros agricultores o tenha utilizado com êxito.				

(V) CARACTERÍSTICAS SITUACIONAIS
4.6.1.12 Potencialidade de irrigação

Mediu-se até que ponto as culturas estão a ser irrigadas. O procedimento de pontuação desenvolvido por Geethakutty (1993) foi utilizado com uma ligeira modificação, *a saber,* a disponibilidade de água de irrigação foi considerada para o efeito. A facilidade das fontes de irrigação dos inquiridos foi tida em consideração, uma vez que é um fator importante para a produção de culturas. O pormenor da categorização e do procedimento de pontuação foi o seguinte

Sr. Não.	Fonte de Irrigação	Período de água disponível			Área Irrigado (ha)
		Até ao final do ano (2)	Parcial disponível (1)	Nunca (0)	
1.	Bem				
2.	Canal				
3.	Poço +Canal				
4.	Poço de perfuração				
5.	Verificar barragem				
Total					

As pontuações atribuídas foram as seguintes

N.º Sr.	Categoria	Pontuação
1.	Bem apenas	1
2.	Apenas o canal	2
3.	Poço e canal	3
4.	Poço tubular / Poço perfurado	4
5.	Verificar barragem	5

Aqui, as pontuações 2, 1 e 0 foram atribuídas para o período de disponibilidade de água como durante todo o ano, ano parcial e nunca durante o ano, respetivamente. Depois, para calcular a pontuação final da potencialidade de irrigação, foi efectuada a multiplicação da pontuação da fonte de irrigação pela pontuação da disponibilidade de água desse recurso.

Com a ajuda da média e do desvio-padrão, os inquiridos foram classificados nos três grupos seguintes

Baixa potencialidade de irrigação - < Média - S. D.

Potencialidade média de irrigação - Média + S. D.

Potencialidade de irrigação elevada - > Média + S. D.

4.6.1.12 Intensidade das culturas

Denota a intensidade da terra utilizada pelos agricultores. Por outras palavras, é um rácio entre a superfície total cultivada e a superfície líquida cultivada, expresso em percentagem.

Foi calculado com a ajuda da fórmula dada por Singh (1981).

Superfície total cultivada em ha

$$\text{Intensidade de corte}=\text{-} \quad :\text{---} *100$$

Superfície líquida cultivada em ha

Com a ajuda da média e do desvio-padrão, os inquiridos foram classificados nos três grupos seguintes

Baixa intensidade de cultivo-<   Média - S. D.

   Intensidade média de cultivo-Média   + S. D.

   Intensidade de cultivo elevada->   Média + S. D.

4.6.1.13 Índice de rendimento

Pediu-se aos inquiridos que mencionassem a produção de grão-de-bico (kg/ha) no seu campo. Para o índice de rendimento, o rendimento do grão-de-bico na exploração do inquirido é dividido pelo rendimento potencial do grão-de-bico (kg/ha) na parcela de investigação, em termos de percentagem.

$$\text{Yield index}=\frac{\text{Yield of chickpea of individual respondent (kg/ha)}}{\text{Potential yield of chickpea crop on research plot (kg/ha)}} \times 100$$

Índice de rendimento=*100

$$\frac{\text{Rendimento do grão-de-bico de cada inquirido } \textbf{(kg/ha)}}{\text{Rendimento potencial da cultura de grão-de-bico na parcela de investigação } \textbf{(kg/ha)}}$$

Os inquiridos foram classificados em três categorias, com base na média e no desvio-padrão, como "baixo nível de índice de rendimento", "nível médio de índice de rendimento" e "alto nível de índice de rendimento".

4.6.2 Medição das variáveis dependentes

4.6.2.1 Conhecimento das tecnologias recomendadas para a produção de grão-de-bico

O conhecimento é definido como o conjunto de informações compreendidas que um indivíduo possui. Neste estudo, o conhecimento é conceptualizado como "o conjunto de informações compreendidas que os produtores de grão-de-bico possuem sobre as práticas recomendadas para o cultivo do grão-de-bico".

Para medir o nível de conhecimentos dos inquiridos sobre a tecnologia de produção de grão-de-bico recomendada, foi utilizado um teste elaborado por um professor com base na escala desenvolvida por Jha e Singh (1970), com ligeiras alterações para se adequar ao presente estudo.

A lista de práticas de produção de grão-de-bico recomendadas pela JAU foi recolhida na Pulse Research Station e no Gabinete do Diretor de Investigação, JAU, Junagadh. Estas práticas seleccionadas foram consideradas como índice para medir o nível de conhecimento dos inquiridos relativamente à tecnologia de produção de grão-de-bico recomendada pela JAU. Pediu-se aos inquiridos que respondessem sim ou não. Foi-lhes pedido que respondessem a algumas perguntas directas. As respostas correctas foram assinaladas com uma marca e foi-lhes atribuída uma pontuação. O número total de itens assinalados constituía a pontuação de conhecimento do inquirido individual sobre o teste.

A fórmula seguinte foi utilizada para calcular o índice de conhecimentos de cada inquirido.

$$K_i = \frac{x1+x2+\cdots+xn}{N} \times 100$$

Onde,

Ki= Índice de conhecimento

X1 + X2 ... + Xn = Número total de respostas correctas

N= Número total de itens/perguntas

Com base no índice de conhecimentos, os inquiridos foram estratificados nos três grupos seguintes, utilizando a fórmula da média e do desvio-padrão;

N.º Sr.	Nível de conhecimentos	Gama
1.	Baixo nível de conhecimentos	< Média - S.D.
2.	Nível médio de conhecimentos	Média ± S.D.
3.	Elevado nível de conhecimentos	> Média + S.D.

4.6.2.2 Adoção de tecnologias recomendadas para a produção de grão-de-bico

A adoção é um processo mental em que um indivíduo passa da fase de sensibilização para a fase de adoção. Neste estudo, a adoção é definida como "a utilização efectiva das práticas de produção de grão-de-bico pelos agricultores", tal como recomendado pela JAU.

No presente estudo, tentou-se desenvolver um índice de adoção que pudesse medir cientificamente o grau de adoção de práticas de produção de grão-de-bico pelos produtores de grão-de-bico no distrito de Junagadh. A lista de tecnologias de produção de grão-de-bico recomendadas pela JAU até 2017 foi recolhida na Pulse Research Station e no Gabinete do Diretor de Investigação, JAU Junagadh. Estas práticas seleccionadas foram distribuídas por 30 peritos com um mínimo de cinco anos de experiência no domínio da investigação ou da extensão. Tendo em conta a importância de uma determinada tecnologia, foi-lhes pedido que distribuíssem 100 pontos pelas tecnologias seleccionadas. A ponderação da prática específica atribuída por cada perito foi somada e foi calculada a média aritmética. Assim, foi calculada a ponderação das práticas. Estas práticas, com a ponderação atribuída pelos peritos, foram utilizadas como índice para medir o nível de adoção da prática recomendada. Este índice foi administrado ao inquirido e as suas respostas foram medidas numa escala de classificação de três pontos, ou seja, adoção total (dois pontos), adoção parcial (um ponto) e não adoção (zero pontos). O índice de adoção/quociente de adoção foi medido com a seguinte fórmula

$$AQ = \frac{\left(\frac{e1}{p1}\right)w1 + \left(\frac{e2}{p2}\right)w2 + \cdots + \left(\frac{en}{pn}\right)wn}{W} \times 100$$

Onde,

AQ = Quociente de adoção do inquirido

e1.. ..en = grau de adoção em termos de pontuação obtida pelos agricultores para determinadas práticas recomendadas de grão-de-bico

p1...pn = potencialidade dos inquiridos em termos da pontuação obtida para a prática em causa

w1..wn = coeficiente de ponderação de uma determinada prática

W = Soma da idade ponderal de todas as práticas incluídas

A pontuação total obtida por cada indivíduo foi calculada e somada com base na média e no desvio-padrão (D.P.). Os inquiridos foram agrupados em três categorias.

N.º Sr.	Nível de adoção	Gama
1.	Baixo nível de adoção	< Média - S.D.
2.	Nível médio de adoção	Média ± S.D.
3.	Elevado nível de adoção	> Média + S.D.

Quadro 3: Ponderação atribuída às diferentes práticas na escala

N.º Sr.	Nome do consultório	ponderação
1.	Preparação do terreno	6.08
2.	Variedade melhorada	10.20
3.	Taxa de sementeira	6.05
4.	Tratamento de sementes	5.21
5.	Biofertilizante	4.69
6.	Época de sementeira	7.21
7.	Espaçamento	5.42
8.	Aplicação de fertilizantes químicos	8.19
9.	Micronutrientes e regulador de crescimento das plantas	5.26
10.	Monda e intercultura	7.29
11.	Controlo de pragas	8.81
12.	Controlo de doenças	7.80
13.	Irrigação	7.65
14.	Colheita	5.32
15.	Armazenamento	4.82
	Total	100.00

4.7 CONSTRANGIMENTOS ENFRENTADOS PELOS INQUIRIDOS NA ADOPÇÃO

Para determinar os constrangimentos enfrentados pelos inquiridos na adoção das práticas recomendadas para o grão-de-bico, foi realizado um estudo exploratório. Os constrangimentos foram apresentados aos inquiridos para que estes expusessem as suas dificuldades. Os constrangimentos foram recolhidos junto dos inquiridos e foi calculada uma percentagem para cada constrangimento. Para determinar a importância relativa dos constrangimentos, foram atribuídas classificações globais com base na percentagem.

4.8 SUGESTÕES DOS INQUIRIDOS PARA ULTRAPASSAR OS CONSTRANGIMENTOS

Para ultrapassar os constrangimentos, as sugestões foram mantidas em aberto para os inquiridos. As sugestões foram recolhidas junto dos inquiridos e calculadas em percentagem. Para determinar a importância relativa das sugestões, foram atribuídas classificações globais com base na percentagem.

4.9 INSTRUMENTOS DE RECOLHA DE DADOS E PROCEDIMENTOS NO TERRENO

Para abranger todos os aspectos pertinentes à luz dos objectivos do estudo, foi elaborado um programa de entrevistas com perguntas sobre todas as variáveis dependentes e independentes para a recolha de dados. Foram efectuadas algumas alterações na sequência de um pré-teste. O programa final foi traduzido para a língua gujarati e foi apresentado pessoalmente aos inquiridos, seguindo os princípios da entrevista para obter melhores respostas. As respostas foram registadas no próprio questionário.

4.10 ANÁLISE DOS DADOS

Todas as respostas foram registadas e transferidas para uma folha de registo. Foram compiladas, pontuadas, tabuladas e analisadas para tratamento estatístico, de modo a darem uma resposta adequada ao objetivo específico do estudo. Foram utilizados os seguintes instrumentos estatísticos para interpretar os dados.

4.10.1 Frequência e percentagem

O método da média simples e da percentagem foi amplamente utilizado para analisar os dados recolhidos.

4.10.2 Pontuação média

A pontuação média foi calculada para atribuir as classificações. A pontuação média foi obtida através do total de pontuações de um item dividido pelo número total de inquiridos.

Foi utilizada a seguinte fórmula para calcular a pontuação média (Sullivan, 2012)

$$\bar{X} = \frac{\sum X_i}{n}$$

Onde,

$\bar{X}$ =Média   da amostra

X_i =Pontuação individual

n=Número total   de inquiridos

4.10.3 Desvio-padrão

O desvio-padrão foi obtido pela raiz quadrada da média do desvio quadrado da média através da seguinte fórmula (Sullivan, 2012)

$$S.D. = \sqrt{\frac{\sum(X_i - \bar{X})^2}{n-1}}$$

Onde,

X_i = Pontuação individual

$\bar{X}$ = Pontuação média

n= Número total de inquiridos

Os limites máximo e mínimo de pontuação foram obtidos através da seguinte fórmula;

Xi = Média ± S.D.

4.10.4 Coeficiente de correlação (r)

Para determinar a relação entre as variáveis dependentes e independentes, foi utilizado o método do momento do produto de Pearson para calcular o coeficiente de correlação, que fornece meios geralmente aceites para medir a relação (Chandel, 1975). A fórmula seguinte foi utilizada para calcular o coeficiente de correlação (Garret, 1967).

$$r = \frac{SP(XY)}{\sqrt{SS(x)SS(y)}}$$

Onde, r=   Coeficiente de correlação

X e Y=Duas   variáveis em estudo.

SP(XY)   =Soma   do produto dos desvios de   x e y   em   relação às suas médias.

SS(x) =Soma   dos quadrados dos desvios em relação à   variável "x

SS(y) =Soma   dos quadrados dos desvios em relação à   variável "y

4.11 HIPÓTESES DE INVESTIGAÇÃO (NA FORMA NULA)

4.11.1 Conhecimento da tecnologia de produção do grão-de-bico

H1:1 Não existe relação entre o conhecimento da tecnologia de produção de grão-de-bico e a idade dos inquiridos.

H1: 2 Não existe relação entre o conhecimento da tecnologia de produção de grão-de-bico e a educação dos inquiridos.

H1: 3 Não existe relação entre o conhecimento da tecnologia de produção de grão-de-bico e a experiência agrícola dos inquiridos.

H1: 4 Não existe relação entre o conhecimento da tecnologia de produção de grão-de-bico e a participação social dos inquiridos.

H1: 5 Não existe qualquer relação entre o conhecimento da tecnologia de produção de grão-de-bico e a dimensão da propriedade fundiária dos inquiridos.

H1: 6 Não existe relação entre o conhecimento da tecnologia de produção de grão-de-bico e o rendimento anual dos inquiridos.

H1: 7 Não há relação entre o conhecimento da tecnologia de produção de grão-de-bico e a participação dos inquiridos na extensão.

H1: 8 Não existe relação entre o conhecimento da tecnologia de produção de grão-de-bico e a exposição dos inquiridos aos meios de comunicação social.

H1: 9 Não existe relação entre o conhecimento da tecnologia de produção de grão-de-bico e a capacidade de inovação dos inquiridos.

H1: 10 Não existe relação entre o conhecimento da tecnologia de produção de grão-de-bico e a orientação científica dos inquiridos.

H1: 11 Não existe relação entre o conhecimento da tecnologia de produção de grão-de-bico e a orientação para o risco dos inquiridos.

H1: 12 Não existe relação entre o conhecimento da tecnologia de produção de grão-de-bico e a potencialidade de irrigação dos inquiridos.

H1: 13 Não existe relação entre o conhecimento da tecnologia de produção de grão-de-bico e a intensidade de cultivo dos inquiridos.

H1: 14 Não existe relação entre o conhecimento da tecnologia de produção de grão-de-bico e o índice de rendimento dos inquiridos.

4.11.2 Adoção da tecnologia de produção de grão-de-bico

H2: 1 Não existe relação entre a adoção de tecnologia de produção de grão-de-bico e a idade dos inquiridos.

H2: 2 Não existe relação entre a adoção de tecnologia de produção de grão-de-bico e a educação dos inquiridos.

H2: 3 Não existe relação entre a adoção de tecnologia de produção de grão-de-bico e a experiência agrícola dos inquiridos.

H2: 4 Não há relação entre a adoção da tecnologia de produção de grão-de-bico e a participação social dos inquiridos.

H2: 5 Não existe qualquer relação entre a adoção da tecnologia de produção de grão-de-bico e a dimensão da propriedade fundiária dos inquiridos.

H2: 6 Não existe relação entre a adoção de tecnologia de produção de grão-de-bico e o rendimento anual dos inquiridos.

H2: 7 Não há relação entre a adoção da tecnologia de produção de grão-de-bico e a participação dos inquiridos na extensão.

H2: 8 Não existe qualquer relação   entre a opção de produção de cabras tecnologia e exposição dos inquiridos aos meios de comunicação social.

H2: 9 Não existe qualquer relação   entre a opção de produção de cabras tecnologia e capacidade de inovação dos inquiridos.

H2: 10Não existe qualquer relação   entre a opção de produção de pintos de carne tecnologia e orientação científica dos inquiridos.

H2: 11Não existe qualquer relação   entre a opção de produção de pintos de carne tecnologia e orientação para o risco dos inquiridos.

H2: 12Não existe qualquer relação   entre a opção de produção de pintos de carne tecnologia e potencialidade de irrigação dos inquiridos.

H2: 13 Não há relação entre a adoção de práticas de produção de romã e a intensidade de cultivo da área dos inquiridos.

H2: 14 Não existe relação entre a adoção de tecnologia de produção de grão-de-bico e o índice de rendimento dos inquiridos.

FOTO 4-6: Sessão de inquérito/roteiro de entrevistas com produtores de grão-de-bico

FOTO 7-9: Sessão de inquérito/roteiro de entrevistas com produtores de grão-de-bico

CAPÍTULO V

RESULTADOS E DISCUSSÃO

A informação relativa a este estudo foi recolhida junto dos inquiridos através de um guião de entrevista pessoal. A informação recolhida foi classificada, tabulada e analisada à luz dos objectivos do estudo. Os factos e conclusões obtidos após a análise da informação foram apresentados neste capítulo sob os seguintes títulos principais:

5.1 As características pessoais, socioeconómicas, comunicacionais, psicológicas e situacionais dos produtores de grão-de-bico

5.2 Nível de conhecimento dos produtores de grão-de-bico sobre a tecnologia de produção de grão-de-bico recomendada

5.3 Grau de adoção da tecnologia recomendada para a produção de grão-de-bico

5.4 Associação entre as características seleccionadas dos produtores de grão-de-bico e os seus conhecimentos sobre a tecnologia de produção de grão-de-bico

5.5 Associação entre as características seleccionadas dos produtores de grão-de-bico e o seu grau de adoção da tecnologia de produção de grão-de-bico

5.6 Constrangimentos enfrentados pelos produtores de grão-de-bico na adoção da tecnologia de produção de grão-de-bico recomendada

5.7 Sugestões dos produtores de grão-de-bico para ultrapassar os constrangimentos que enfrentam na adoção da tecnologia de produção de grão-de-bico recomendada

5.1 CARACTERÍSTICAS SELECCIONADAS DOS INQUIRIDOS

O conhecimento e a adoção da tecnologia de produção de grão-de-bico recomendada são influenciados principalmente por diferentes características do inquirido. No entanto, foram seleccionadas algumas características importantes dos inquiridos e os resultados foram apresentados a seguir;

5.1.1 Características pessoais

5.1.1.1 Idade

Os dados relativos à idade dos produtores de grão-de-bico são apresentados no quadro 4 e na figura 5. Observou-se que mais de metade (53,33%) dos produtores de grão-de-bico pertenciam a um grupo de meia-idade, seguido de um grupo de idade avançada (27,50%) e de um grupo de idade jovem (19,17%), respetivamente. Pode concluir-se do resultado acima que a maioria (80,83%) dos inquiridos pertencia a grupos de meia-idade e de idade avançada.

Quadro 4: Distribuição dos inquiridos de acordo com a sua idade   (n = 120)

N.º Sr.	Categoria	Frequência	Percentagem
1.	Idade jovem (até 35 anos)	23	19.17
2.	Meia-idade (36 a 50 anos)	64	53.33
3.	Idade avançada (mais de 50 anos)	33	27.50
	Total	**120**	**100.00**

Os resultados observados podem dever-se ao facto de, geralmente, no sistema social rural, o chefe de família, que na maioria dos casos pertencia ao grupo etário médio ou idoso, tomar as decisões relativas à agricultura.

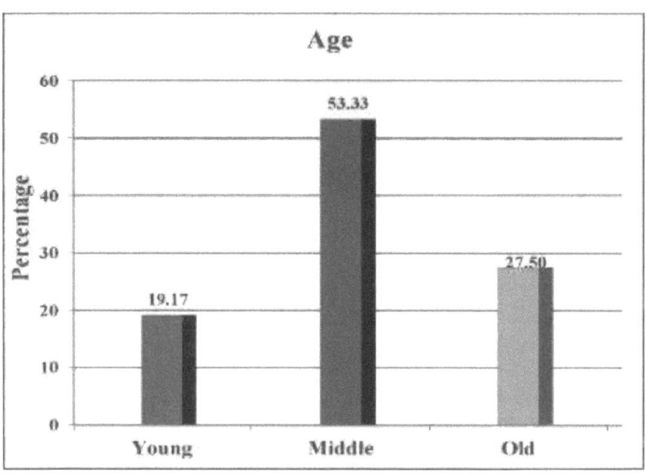

Fig. 5: Distribuição dos inquiridos de acordo com a sua idade

Esta conclusão estava em conformidade com as conclusões de Patel (2006), Gohil (2010), Khodifad (2010), Gorfad (2012), Hadiya (2013), Patel (2016), Dhakad (2016) e Lohare (2017).

5.1.1.2 Educação

A informação sobre a educação formal foi recolhida junto dos inquiridos e os dados são apresentados no Quadro 5 e representados graficamente na Fig.6.

Quadro 5: Distribuição dos inquiridos de acordo com as suas habilitações literárias (n = 120)

N.º Sr.	Educação	Frequência	Percentagem
1.	Faculdade/ pós-graduação	09	07.50
2.	Ensino secundário superior (11th & 12th)	21	17.50
3.	Ensino médio/secundário (9th a 10th standard)	52	43.33
4.	Escola primária (1st a 8th standard)	26	21.67
5.	Literacia funcional	08	06.67
6.	Analfabeto	04	03.33
	Total	**120**	**100.00**

Os dados apresentados no Quadro 5 indicam que 43,33% dos produtores de grão-de-bico tinham habilitações até ao nível do ensino médio ou secundário, seguidos de um pouco mais de um quinto, 21,67%, com habilitações até ao ensino primário, 17,50% com habilitações até ao ensino secundário superior e 06,67% com literacia funcional. Além disso, verificou-se que apenas 07,50% tinham habilitações de nível universitário e 03,33% dos inquiridos eram analfabetos.

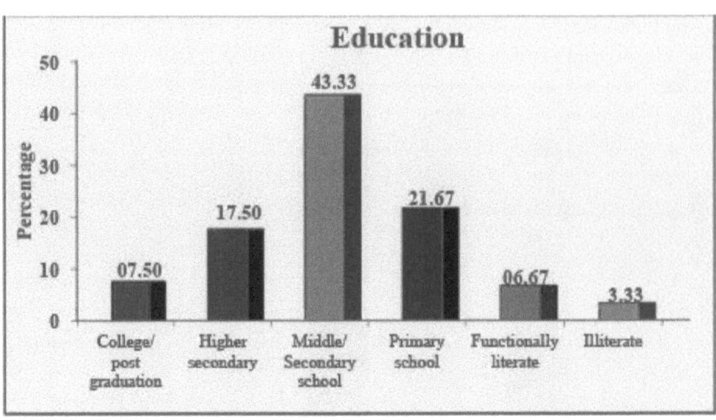

A razão provável para este resultado é que, devido à falta de estabilidade financeira das famílias de agricultores, bem como à falta de instalações educativas adequadas no passado, a maioria deles conseguiu obter educação até ao ensino secundário e ao ensino primário, seguido do ensino secundário superior. Alguns deles permaneceram funcionalmente alfabetizados e muito poucos permaneceram analfabetos. Devido aos bons esforços e ao apoio da família, alguns dos agricultores conseguiram obter educação até ao nível universitário.

Esta conclusão está em conformidade com as conclusões de Khodifad (2010), Patel (2016) e Lohare (2017).

5.1.1.3 Experiência agrícola

A experiência na exploração agrícola desempenha um papel importante na gestão do conhecimento e na adoção durante o cultivo do grão-de-bico. Os dados a este respeito são apresentados no Quadro 6 e representados graficamente na Fig. 7.

Tabela 6: Distribuição dos inquiridos de acordo com a sua experiência agrícola (n = 120)

N.º Sr.	Categoria	Frequência	Percentagem
1.	Pouca experiência agrícola (menos de 22,21 pontos)	20	16.67
2.	Experiência agrícola média (22,21 a 73,71 pontos)	72	60.00
3.	Experiência agrícola elevada (pontuação superior a 73,71)	28	23.33
Total		**120**	**100.00**
Média = 47,96D .S. = 25,75			

Os dados do Quadro 6 revelaram que três quintos (60,00 por cento) dos inquiridos tinham uma experiência agrícola média; enquanto 23,33 por cento e 16,67 por cento dos inquiridos tinham uma experiência agrícola alta e baixa, respetivamente. Pode concluir-se que a maioria (83,33%) dos inquiridos tinha uma experiência agrícola média a elevada.

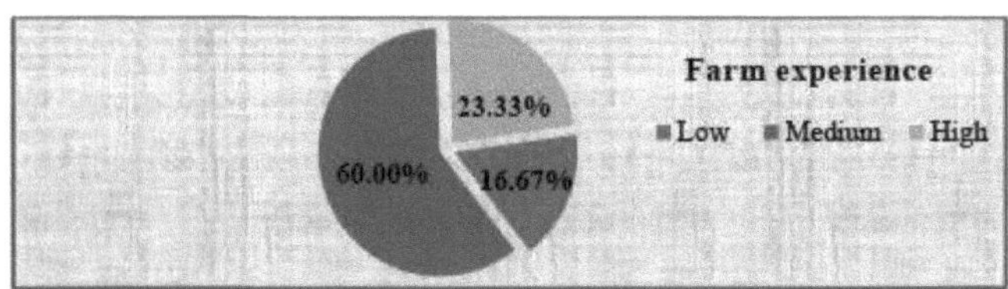

Fig. 7: Distribuição dos inquiridos de acordo com a sua experiência agrícola

Isto pode dever-se ao facto de a maioria deles ter começado a cultivar desde tenra idade, como ocupação dos pais.

Esta conclusão está em conformidade com as conclusões de Jadav (2005), Lohare (2017) e Raviya (2017).

5.1.2. Características socioeconómicas

5.1.2.1 Participação social

Os dados relativos à participação social são apresentados no Quadro 7 e representados graficamente na Fig. 8.

Quadro 7: Distribuição dos inquiridos de acordo com a sua participação social

(n = 120)

N.º Sr.	Categoria	Frequência	Percentagem
1.	Baixa participação social (pontuação inferior a 1,00)	21	17.50
2.	Participação social média (pontuação de 1,00 a 7,26)	84	70.00
3.	Participação social elevada (acima de 7,26 pontos)	15	12.50
Total		**120**	**100.00**
Média = 4,13			S.D. = 3,13

Os dados do Quadro 7 revelam que a maioria (70,00 por cento) dos inquiridos tinha uma participação social média; enquanto 17,50 por cento e 12,50 por cento dos inquiridos tinham uma participação social baixa e alta, respetivamente.

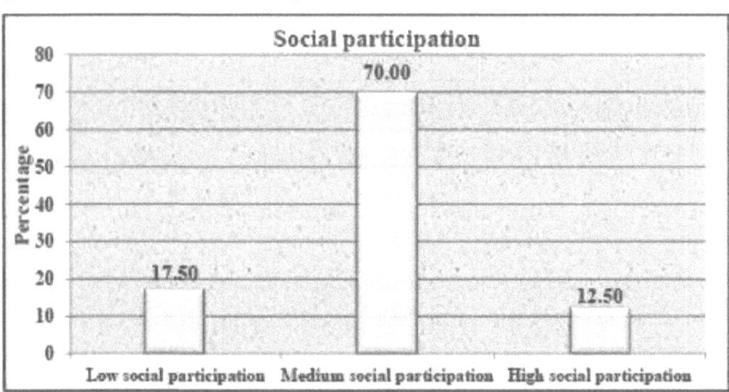

Fig. 8: Distribuição dos inquiridos de acordo com a sua participação social

A razão provável subjacente ao nível médio e elevado de participação social dos inquiridos pode dever-se ao facto de serem membros e participarem ativamente em sociedades cooperativas agrícolas e leiteiras, ao passo que, no caso dos membros com baixa participação social, a razão pode ser o seu menor interesse em participar nessas actividades sociais.

65

Esta conclusão está em conformidade com as conclusões de Khodifad (2010), Rajput (2010), Humbal (2012) e Hadiya (2013).

5.1.2.2 Dimensão da exploração fundiária

Os dados a este respeito são apresentados no quadro 8 e graficamente na figura 9.

Quadro 8: Distribuição dos inquiridos de acordo com a dimensão da sua exploração fundiária

(n = 120)

N.º Sr.	Categoria	Frequência	Percentagem
1.	Pequena dimensão da exploração fundiária (inferior a 1 ha)	23	19.16
2.	Exploração agrícola de dimensão média (1 a 2 ha)	56	46.67
3.	Grande dimensão da exploração agrícola (mais de 2 ha)	41	34.17
	Total	**120**	**100.00**

É evidente no Quadro 8 que quase metade (46,67%) dos inquiridos possuía uma exploração fundiária de dimensão média, seguida de uma exploração fundiária de grande dimensão (34,17%) e de uma exploração fundiária de pequena dimensão (19,16%).

A razão provável pode ser o facto de os agricultores da zona de estudo viverem em família conjunta; no entanto, podem ter as suas próprias terras separadas em seu nome.

Dimensão da exploração agrícola

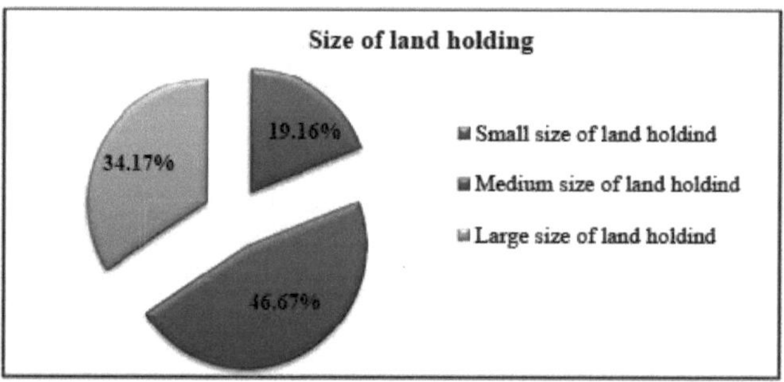

H Pequena dimensão da propriedade fundiária
H Exploração fundiária de dimensão média
U Grande dimensão da propriedade fundiária

Fig. 9: Distribuição dos inquiridos de acordo com a dimensão da sua exploração fundiária

Esta conclusão está em conformidade com as conclusões de Gohil (2010), Solanki (2011), Hadiya (2013) e Raviya (2017).

5.1.2.3 Rendimento anual

Com base no rendimento anual total proveniente de diferentes fontes recebido pelos produtores de grão-de-bico, estes foram classificados em cinco grupos, de acordo com a escala desenvolvida por Pandya e Pandya (2008), como se mostra no Quadro 9 e na Fig. 10.

Quadro 9: Distribuição dos inquiridos de acordo com o seu rendimento anual (n = 120)

N.º Sr.	Rendimento anual	Frequência	Percentagem

1.	Acima de t 2,00,000	11	09.17
2.	t 1,50,001 a t 2,00,000	35	29.17
3.	t 1,00,001 a t 1,50,000	46	38.33
4.	t 50,001 a t 1,00,000	21	17.50
5.	Até t 50.000	07	05.83
	Total	**120**	**100.00**

Pode resumir-se que cerca de dois quintos (38,33%) dos inquiridos tinham um nível de rendimento anual médio (t 1.00.001 a t 1.50.000), seguido de 29,17% com um nível de rendimento anual elevado (t 1.50.001 a t 2.00.000) e 17,50% com um rendimento anual baixo (t 50.001 a t 1.00.000). Também se pode verificar que 09,17% dos inquiridos tinham um rendimento anual muito elevado (superior a 2,00,000) e apenas 05,83 tinham um rendimento anual muito baixo (até 50,000).

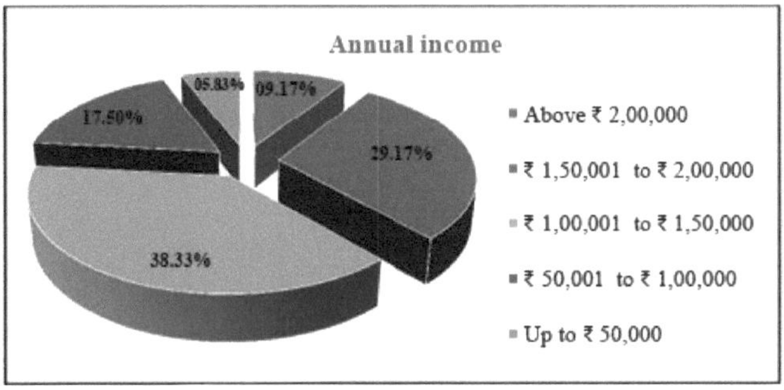

Fig. 10: Distribuição dos inquiridos de acordo com o seu rendimento anual

Pode concluir-se que a maioria dos inquiridos (76,67%) tinha um rendimento anual médio a muito elevado. A razão provável pode ser o facto de estarem envolvidos em negócios ou serviços juntamente com a agricultura, bem como o rendimento de áreas afins, como a produção animal. No caso de um rendimento anual baixo a muito baixo, a razão provável pode ser a pequena dimensão das suas terras e a baixa produção.

Esta conclusão está em conformidade com as conclusões de Kumbhani (2009), Koli (2012), Mavani (2012) e Dhakad (2016).

5.1.3 Características da comunicação

5.1.3.1 Participação na extensão

Um indivíduo recebe novas informações durante a participação em diferentes programas e actividades conduzidos por diferentes agências de extensão, o que influencia o conhecimento e a adoção de novas tecnologias agrícolas. Os dados a este respeito são apresentados no quadro 10 e representados graficamente na figura 11.

Tabela 10: Distribuição dos inquiridos de acordo com a sua participação na extensão

(n = 120)

N.º Sr.	Categoria	Frequência	Percentagem
1.	Baixa participação na extensão (inferior a 15,86)	17	14.16
2.	Participação média na extensão (15,86 a 48,42 pontos)	74	61.67

3.	Elevada participação na extensão (acima de 48,42)	29	24.17
	Total	**120**	**100.00**
Média = 32,14			S.D. = 16,28

É evidente na Tabela 10 que um pouco mais de três quintos dos inquiridos (61,67%) tinham um nível médio de participação na extensão, seguido de uma participação elevada na extensão (24,17%) e uma participação baixa na extensão (14,16%). Assim, pode-se concluir que a maioria dos inquiridos (85,84%) teve uma participação média a alta na extensão.

Isto pode dever-se ao facto de os produtores de grão-de-bico estarem mais sensibilizados para as actividades de extensão e para o pessoal de extensão que os ajuda sempre na agricultura e noutras actividades.

Esta conclusão estava em conformidade com as conclusões de Jadeja (2008), Kumbhani (2009), Gohil (2010), Solanki (2011), Hadiya (2013), Sangada (2015) e Raviya (2017).

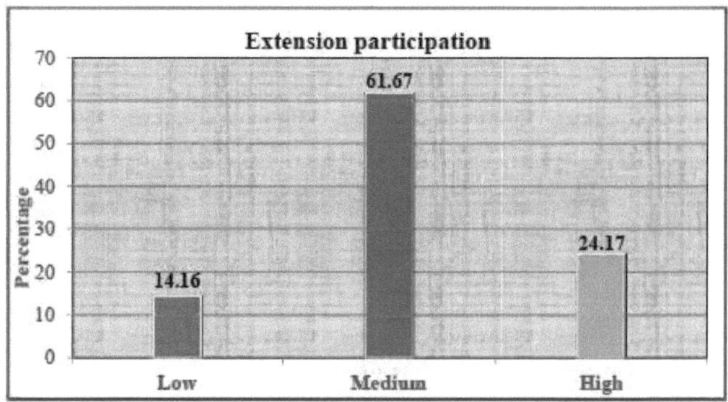

Fig. 11: Distribuição dos inquiridos de acordo com a sua participação na extensão

5.1.3.2 Exposição aos meios de comunicação social

Vários instrumentos de contacto com os meios de comunicação social, ou seja, rádio, televisão, exposições, jornais, etc., desempenham sempre um papel significativo na melhoria dos conhecimentos das pessoas, se forem devidamente utilizados. Os dados a este respeito são apresentados no quadro 11 e representados graficamente na figura 12.

Table 11: Distribuição dos inquiridos de acordo com a sua exposição aos meios de comunicação social

(n = 120)

N.º Sr.	Categoria	Frequência	Percentagem
1.	Baixa exposição aos meios de comunicação social (pontuação inferior a 8,76)	19	15.83
2.	Exposição média aos meios de comunicação social (pontuação de 8,76 a 20,18)	75	62.50
3.	Elevada exposição aos meios de comunicação social (acima de 20,18 pontos)	26	21.67
	Total	**120**	**100.00**
Média = 14,47D .S. = 5,71			

É evidente no Quadro 11 que a maioria dos inquiridos (62,50%) tinha um nível médio de exposição aos meios de comunicação social, seguido de uma exposição elevada aos meios de comunicação social (21,67%) e de uma exposição reduzida aos meios de comunicação social (15,83%).

A maioria dos produtores de grão-de-bico tinha um nível médio a elevado de exposição aos meios de comunicação social, o que pode dever-se ao seu bom nível de educação, às suas condições financeiras e ao seu maior interesse em aceder à informação e aos recursos, bem como à sua elevada mobilidade social.

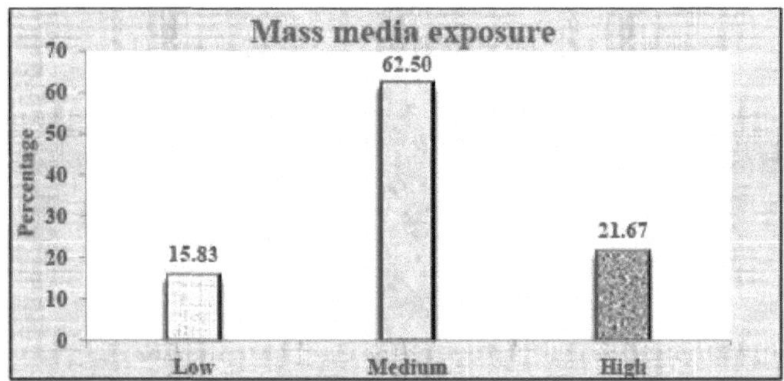

Fig. 12: Distribuição dos inquiridos de acordo com a sua exposição aos meios de comunicação social

Esta conclusão está em conformidade com as conclusões de Bharad (2007), Borole (2010), Rajput (2010), Humbal (2012), Koli (2012), Mavani (2012) e Lohare (2017).

5.1.4 Características psicológicas

5.1.4.1 Inovação

Os dados do Quadro 12 revelam que 65,84% dos inquiridos têm um grau de inovação médio, seguidos de 20,83% e 13,33% com um grau de inovação elevado e baixo, respetivamente. Assim, verificou-se que a maioria (86,67%) dos inquiridos pertencia a categorias de inovatividade média a elevada.

Table 12:   Distribuição dos inquiridos de acordo com a sua capacidade de inovação (n = 120)

N.º Sr.	Categoria	Frequência	Percentagem
1.	Baixa capacidade de inovação (pontuação inferior a 2,50)	16	13.33
2.	Capacidade de inovação média (pontuação de 2,50 a 4,74)	79	65.84
3.	Elevada capacidade de inovação (pontuação superior a 4,74)	25	20.83
	Total	120	100.00
	Média = 3,62D .S. = 1,12		

Isto pode dever-se ao facto de os inquiridos terem uma **participação** média a **elevada na extensão e estarem expostos aos meios de comunicação social, o que lhes permitiu obter novas ideias e informações que os tornaram inovadores.**

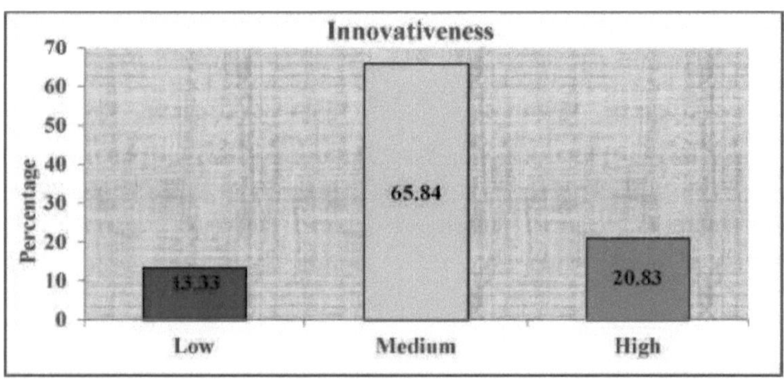

Fig. 13: Distribuição dos inquiridos de acordo com a sua capacidade de inovação

Esta conclusão está em conformidade com as conclusões de Chavda (2005), Solanki (2011), Humbal (2012), Mavani (2012) e Raviya (2017).

5.1.4.2 Orientação científica

Os dados relativos ao nível de orientação científica dos produtores de grão-de-bico são apresentados no quadro 13 e na figura 14.

Table 13:   Distribuição dos inquiridos de acordo com a sua orientação científica

(n = 120)

N.º Sr.	Categoria	Frequência	Percentagem
1.	Baixa orientação científica (pontuação inferior a 13,39)	22	18.33
2.	Orientação científica média (pontuação de 13,39 a 22,99)	65	54.17
3.	Elevada orientação científica (pontuação superior a 22,99)	33	27.50
	Total	**120**	**100.00**
Média = 18,19D .S. = 4,80			

A partir do Quadro 13, pode concluir-se que mais de metade dos inquiridos (54,17%) tinha um nível médio de orientação científica, seguido de 27,50% e 18,33% com um nível elevado e baixo de orientação científica, respetivamente

Isto pode dever-se à sua confiança nos métodos científicos de cultivo, devido à sua participação média a elevada na extensão, bem como à sua própria experiência no cultivo de grão-de-bico no seu próprio campo e ao facto de terem percebido a importância da tecnologia moderna para o aumento da produção agrícola.

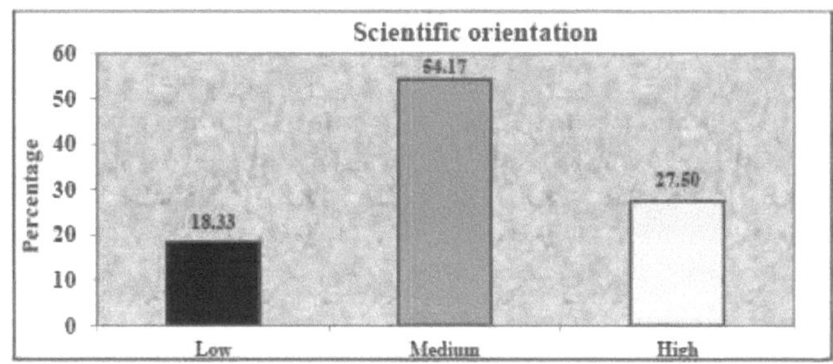

Fig. 14: Distribuição dos inquiridos segundo a sua orientação científica

Esta conclusão está em conformidade com as conclusões de Makwana (2005), Patel (2005), Rabari (2006), Rathod (2009), Shitre (2010) e Umretiya (2015).

5.1.4.3 Orientação para os riscos

Os resultados do Quadro 14 indicam que quase três quintos (57,50%) dos inquiridos têm uma orientação para o risco médio, seguidos de 25,83 e 16,67% dos inquiridos com uma orientação para o risco elevado e baixo, respetivamente. Por conseguinte, pode concluir-se que a maioria (83,33%) dos inquiridos pertencia ao grupo de orientação para o risco de nível médio a elevado.

Table 14:   Distribuição dos inquiridos de acordo com a sua orientação para o risco

(n = 120)

N.º Sr.	Categoria	Frequência	Percentagem
1.	Baixa orientação para o risco (pontuação inferior a 12,84)	20	16.67
2.	Orientação para o risco médio (pontuação de 12,84 a 20,00)	69	57.50
3.	Orientação para o risco elevado (pontuação superior a 20,00)	31	25.83
	Total	**120**	**100.00**
Média = 16,42			S.D. = 3,58

A razão subjacente a este resultado pode ser a boa educação, a orientação científica média a elevada e a capacidade de inovação dos inquiridos, que os motivou a correr riscos.

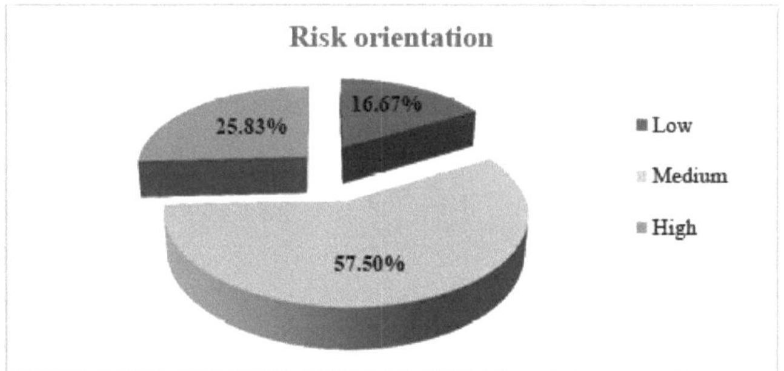

Fig. 15: Distribuição dos inquiridos de acordo com a sua orientação para o risco

Esta constatação está em conformidade com as conclusões de Chauhan (2008), Khodifad (2010) e Solanki (2011).

5.1.5 Características da situação

5.1.5.1 Potencialidade de irrigação

É evidente na tabela 15 que quase metade (47,50%) dos inquiridos tinha uma potencialidade de irrigação média, seguida de 30,00 e 22,50% dos inquiridos com uma potencialidade de irrigação baixa e alta, respetivamente. Assim, pode concluir-se que a maioria (77,50%) dos inquiridos pertence ao grupo de potencialidade de rega de nível médio a baixo.

Table 15: Distribuição dos inquiridos de acordo com a sua potencialidade de irrigação

(n = 120)

N.º Sr.	Categoria	Frequência	Percentagem
1.	Potencialidade de irrigação baixa (pontuação inferior a 3,08)	36	30.00
2.	Potencialidade de irrigação média (pontuação de 3,08 a 9,58)	57	47.50
3.	Potencialidade de irrigação elevada (acima de 9,58 pontos)	27	22.50
	Total	**120**	**100.00**
Média = 6,33D	.S. = 3,25		

A razão por detrás deste resultado pode ser a falta de disponibilidade de água de irrigação adequada ou de instalações de irrigação. O poço e o poço de água eram a principal fonte de irrigação para a maioria dos inquiridos. Não havia nenhum grande projeto de recolha de água na área de investigação.

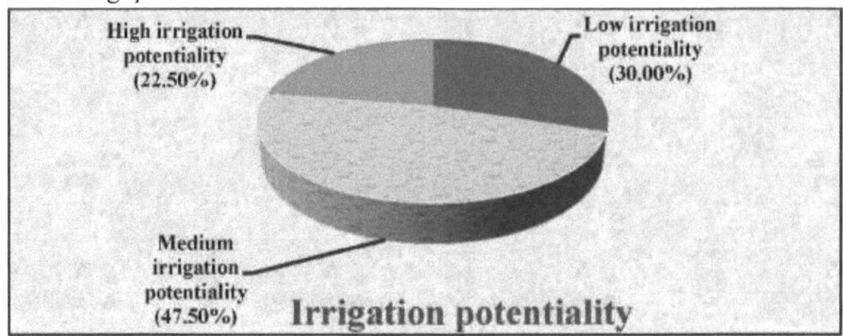

Fig. 16: Distribuição dos inquiridos de acordo com a sua potencialidade de irrigação

Esta conclusão está em conformidade com as conclusões de Bharad (2007), Gorfad (2012) e Dhakad (2016).

5.1.5.2 Intensidade das culturas

A tabela 16 mostra que pouco mais de metade (50,83%) dos inquiridos pertenciam à categoria de intensidade de cultivo média, enquanto 27,50% e 21,67% dos inquiridos pertenciam às categorias de intensidade de cultivo baixa e alta, respetivamente. Pode concluir-se que a maioria (78,33%) dos inquiridos tinha uma intensidade de cultivo média a baixa.

Table 16: Distribuição dos inquiridos de acordo com a sua intensidade de cultivo

(n = 120)

N.º Sr.	Categoria	Frequência	Percentagem

1.	Baixa intensidade de cultivo (menos de 125,78 pontos)	33	27.50
2.	Intensidade de cultivo média (125,78 a 164,50 pontos)	61	50.83
3.	Alta intensidade de cultivo (acima de 164,50 pontos)	26	21.67
	Total	**120**	**100.00**
Média = 145,14		S.D. = 19,36	

A razão subjacente à intensidade de cultivo baixa a média pode ser a potencialidade de irrigação média a baixa dos inquiridos. Devido à falta de disponibilidade de água de irrigação, a intensidade de cultivo ou a área de cultivo podem ser reduzidas.

Intensidade da cultura

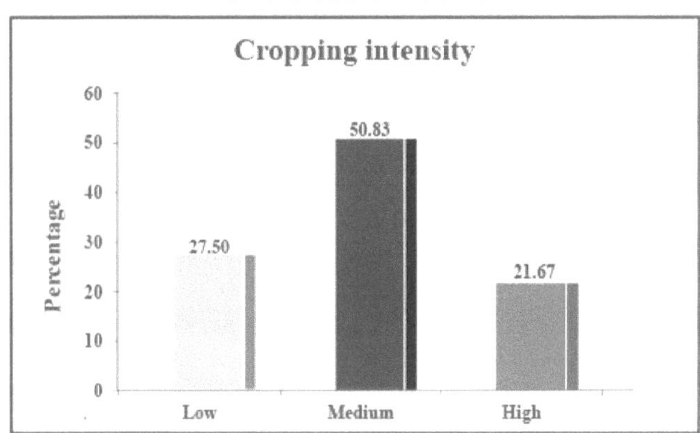

Fig. 17: Distribuição dos inquiridos de acordo com a sua intensidade de cultivo

Esta conclusão está em conformidade com as conclusões de Chavda (2005), Kamani (2007), Kumbhani (2009), Divakar (2011) e Raviya (2017).

1.1 .5.3 Índice de rendimento

Os dados apresentados no Quadro 17 indicam que mais de metade (54,17%) dos produtores de grão-de-bico tinham um índice de rendimento médio, seguido de 25,83% e 20,00% de índice de rendimento baixo e alto, respetivamente. Pode concluir-se que a maioria (80,00 por cento) dos produtores de grão-de-bico tinha um índice de rendimento médio a baixo.

Quadro 17: Distribuição dos inquiridos de acordo com o seu índice de rendimento (n = 120)

N.º Sr.	Categoria	Frequência	Percentagem
1.	Índice de rendimento baixo (inferior a 56,05 pontos)	31	25.83
2.	Índice de rendimento médio (56,05 a 89,83 pontos)	65	54.17
3.	Índice de alto rendimento (acima de 89,83 pontos)	24	20.00
	Total	**120**	**100.00**
Média = 72,94		S.D. = 16,89	

A razão provável por detrás deste resultado pode ser o facto de a maioria dos produtores ter adotado um nível médio a baixo de adoção da tecnologia de produção de grão-de-bico recomendada.

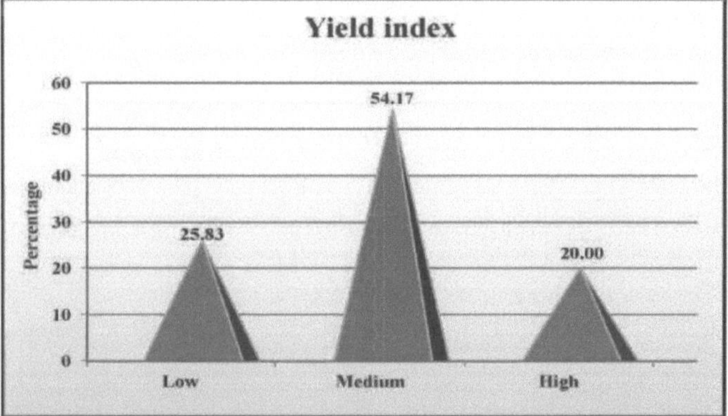

Fig. 18: Distribuição dos inquiridos de acordo com o seu índice de rendimento

Esta conclusão está em conformidade com as conclusões de Gohil (2010), Gorfad (2012), Koli (2012), Raviya (2017) e Datta (2018).

1.2 NÍVEL DE CONHECIMENTO DOS PRODUTORES DE GRÃO-DE-BICO SOBRE

TECNOLOGIA RECOMENDADA PARA A PRODUÇÃO DE GRÃO-DE-BICO

No presente estudo, o conhecimento refere-se ao saber-fazer sobre as diferentes práticas de produção de grão-de-bico que os produtores de grão-de-bico possuem. Um conhecimento adequado é essencial para que os produtores de grão-de-bico tenham uma produção bem sucedida e rentável. Por conseguinte, considerou-se necessário obter informações dos produtores de grão-de-bico sobre a tecnologia de produção do grão-de-bico.

Conforme discutido na metodologia para medir o conhecimento dos inquiridos sobre a tecnologia de produção de grão-de-bico recomendada, foi desenvolvido e utilizado um índice de conhecimento elaborado por professores. A pontuação do conhecimento dos inquiridos sobre as práticas recomendadas para a produção de grão-de-bico foi calculada utilizando a fórmula mencionada na metodologia de investigação e classificou todos os inquiridos em três categorias com base na média e no desvio padrão. O conhecimento dos inquiridos sobre a tecnologia de produção de grão-de-bico recomendada é apresentado no Quadro 18 e representado na Fig.19.

Quadro 18: Distribuição dos inquiridos de acordo com o seu nível de conhecimentos sobre a tecnologia de produção de grão-de-bico recomendada (n = 120)

N.º Sr.	Categoria	Frequência	Percentagem
1.	Baixo nível de conhecimentos (menos de 46,65 pontos)	15	12.50
2.	Nível médio de conhecimentos (46,65 a 66,71 pontos)	86	71.67
3.	Nível de conhecimento elevado (acima de 66,71 pontos)	19	15.83

Total	120	100.00
Média = 56,68		S.D. = 10,03

A partir do Quadro 18 e da Figura 19, é evidente que a maioria dos inquiridos (71,67%) pertencia a um grupo de conhecimentos de nível médio no que diz respeito à tecnologia de produção de grão-de-bico recomendada, seguido de 15,83% e 12,50% dos inquiridos que pertenciam a um grupo de conhecimentos elevados e baixos, respetivamente.

Este resultado pode dever-se ao facto de a maioria dos inquiridos ter um nível médio de participação social, uma participação média a elevada na extensão e exposição aos meios de comunicação social. Estes factores podem ter ajudado favoravelmente os inquiridos a obter mais conhecimentos sobre a tecnologia recomendada para a produção de grão-de-bico.

Nível de conhecimento dos inquiridos

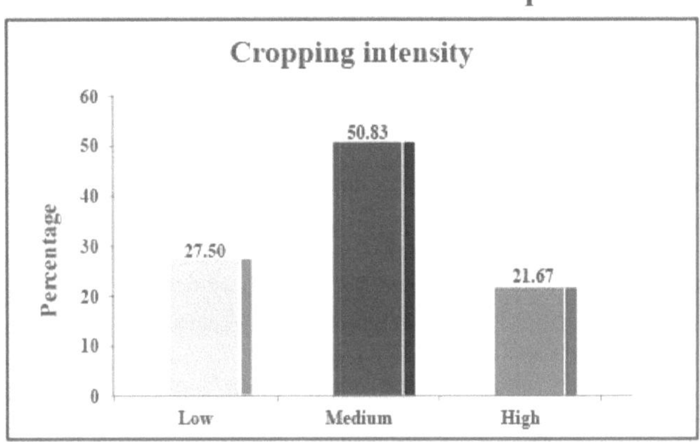

Fig. 19: Distribuição dos inquiridos de acordo com o seu nível de conhecimentos

Esta conclusão está em conformidade com as conclusões de Jadeja (2008), Kumbhani (2009), Koli (2012), Umretiya (2015), Dhakad (2016) e Lohare (2017).

1.3 GRAU DE ADOPÇÃO DO GRÃO-DE-BICO RECOMENDADO TECNOLOGIA DE PRODUÇÃO

Como discutido na metodologia, o índice de adoção feito por professores foi desenvolvido e usado para medir a adoção dos produtores de grão-de-bico. O grau de adoção dos inquiridos foi calculado com base na pontuação obtida por eles. Os inquiridos foram classificados em três categorias com base na média e no desvio padrão. Estes dados relativos à adoção da tecnologia recomendada para a produção de grão-de-bico são apresentados no Quadro 19 e também representados esquematicamente na Fig. 20.

Quadro 19: Distribuição dos inquiridos de acordo com o grau de adoção de tecnologia de produção de grão-de-bico recomendada   (n = 120)

N.º Sr.	Categoria	Frequência	Percentagem
1.	Baixo nível de adoção (menos de 44,00 pontos)	26	21.67
2.	Nível médio de adoção (44,00 a 64,54 pontos)	77	64.17
3.	Nível elevado de adoção (acima de 64,54 pontos)	17	14.16
	Total	**120**	**100.00**

Média = 54,27	S.D. = 10,27

A partir da leitura dos dados da Tabela 19 e da Figura 20, é evidente que a maioria (64,17%) dos inquiridos tinha um nível médio de adoção, seguido de 21,67 e 14,16% dos inquiridos que tinham um nível baixo e alto de adoção da tecnologia de produção de grão-de-bico recomendada.

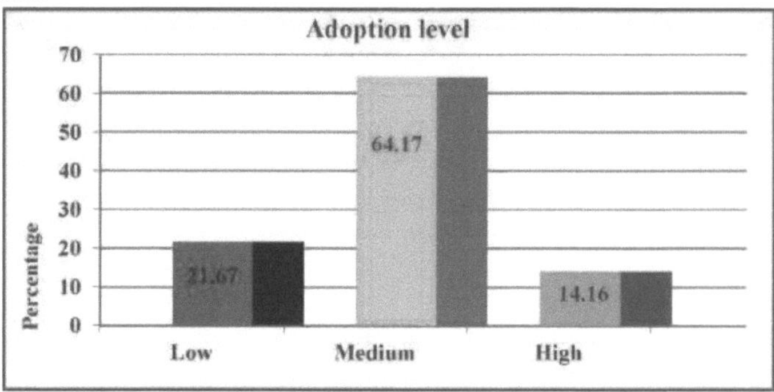

Fig. 20: Distribuição dos inquiridos de acordo com o seu nível de adoção

A razão provável por detrás deste resultado foi o facto de a maioria dos inquiridos ter um nível médio ou baixo de participação social, bem como de potencialidade de irrigação. Como a água desempenha um papel muito importante na produção de culturas e devido à falta de água suficiente na área de investigação, os agricultores não quiseram experimentar qualquer tecnologia nova ou melhorada.

Esta conclusão está em conformidade com as conclusões de Humbal (2012), Hadiya (2013) e Neethi e Sailja (2013).

5.3.1 Adoção de práticas recomendadas para a produção de grão-de-bico
Tecnologia

Para determinar o grau de adoção das práticas recomendadas para a produção de grão-de-bico pelos inquiridos, as práticas recomendadas para a produção de grão-de-bico foram divididas em 15 práticas e foram atribuídos pesos a todas as práticas para perfazer um total de 100 para todas as práticas recomendadas. Com base nas pontuações obtidas na adoção de uma determinada prática, foi calculada a pontuação média para todas as práticas individuais de todos os inquiridos. Estas pontuações médias foram novamente convertidas em percentagem para todas as práticas recomendadas. As classificações foram atribuídas a cada prática. Os resultados são apresentados na Tabela 20 e na Figura 21.

Quadro 20: Distribuição dos inquiridos em função da prática no que respeita à adoção de
tecnologia de produção de grão-de-bico recomendada   (n = 120)

Sr. Não.	Nome das práticas	Pontuação total (100)	Pontuação média obtida	Por cento	Classificação
1.	Preparação do terreno	06.08	04.42	72.69	I
2.	Variedade melhorada	10.20	05.12	50.19	XI
3.	Taxa de sementeira	06.05	03.72	61.48	V
4.	Tratamento de sementes	05.21	02.90	55.66	VIII

5.	Fertilizantes biológicos	04.69	01.64	34.97	XIV
6.	Época de sementeira	07.21	04.76	66.02	III
7.	Espaçamento	05.42	03.70	68.26	II
8.	Químico-fertilizante aplicação	08.19	04.49	54.82	IX
9.	Micronutrientes e reguladores do crescimento das plantas	05.26	01.53	29.09	XV
10.	Monda e intercultura	07.29	04.62	63.37	IV
11.	Controlo de pragas	08.81	03.68	41.77	XIII
12.	Controlo de doenças	07.80	03.69	47.31	XII
13.	Irrigação	07.65	04.00	52.29	X
14.	Colheita	05.32	03.24	60.90	VI
15.	Armazenamento	04.82	02.76	57.26	VII

Os dados apresentados no quadro 20 e na figura 21 indicam claramente a adoção, pelos inquiridos, das práticas recomendadas para a tecnologia de produção de grão-de-bico. O nível de adoção foi mais elevado em práticas como a preparação da terra (72.69 por cento) e obteve a classificação 1st , seguida do espaçamento (classificação II), da época de sementeira (classificação III), da monda e da intercultura (classificação IV), da taxa de sementes (classificação V), da colheita (classificação VI), do armazenamento (classificação VII), do tratamento de sementes (classificação VIII), aplicação de fertilizantes químicos (nível IX), irrigação (nível X), variedade melhorada (nível XI), controlo de doenças (nível XII), controlo de pragas (nível XIII), biofertilizantes (nível XIV) e micronutrientes e reguladores de crescimento das plantas (nível XV).

A razão provável para as conclusões acima sobre o nível mais elevado de adoção pode ser o facto de todas essas práticas serem de baixo custo e terem grande importância para a obtenção de maior rendimento. A razão provável para a baixa adoção de práticas em relação aos resultados acima pode ser a falta de água de irrigação suficiente, a falta de conhecimento sobre a importância de variedades melhoradas, bio fertilizantes, micronutrientes e regulador de crescimento de plantas, falta de orientação técnica e alto preço de insecticidas e fungicidas.

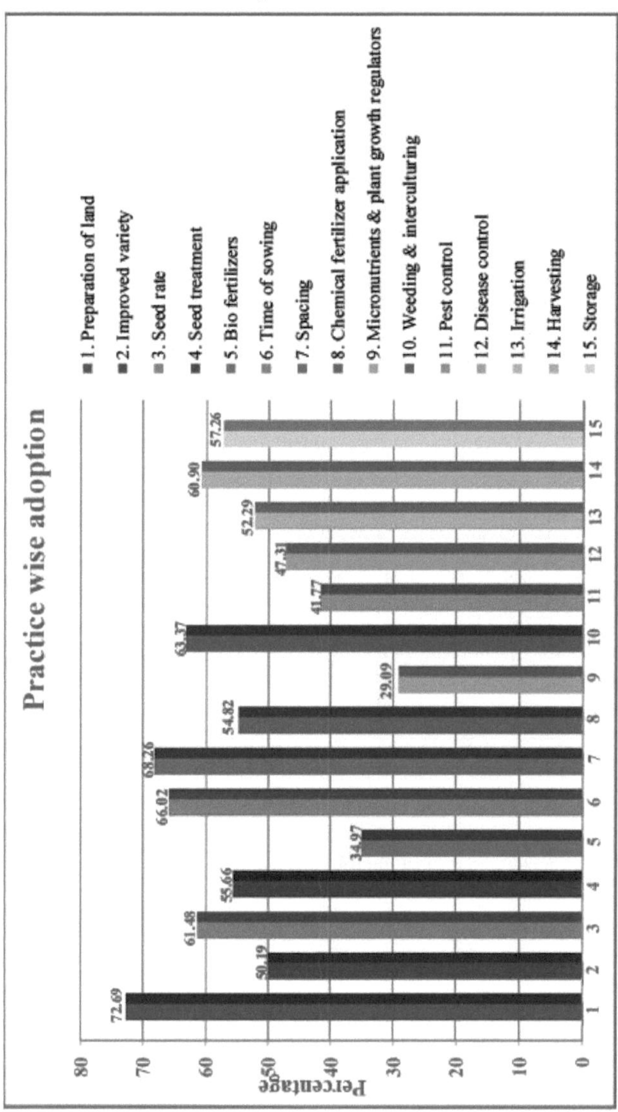

Fig. 21: Distribuição dos inquiridos de acordo com a prática no que respeita à adoção da tecnologia de produção de grão-de-bico recomendada (n = 120)

5.4 ASSOCIAÇÃO ENTRE AS CARACTERÍSTICAS SELECCIONADAS DOS PRODUTORES DE GRÃO-DE-BICO E O SEU CONHECIMENTO DA TECNOLOGIA DE PRODUÇÃO DE GRÃO-DE-BICO

A fim de determinar a relação entre o nível de conhecimentos (variável dependente) dos agricultores e cada uma das suas características seleccionadas (variáveis independentes), foi calculado o coeficiente de correlação ('r'). As hipóteses empíricas foram formuladas para testar a relação e o significado da correlação é apresentado no quadro 21.

Quadro 21: Correlação entre as características seleccionadas dos inquiridos e os seus conhecimentos sobre a tecnologia de produção de grão-de-bico (n = 120)

N.º Sr.	Nome das variáveis independentes	valor "r
1.	Idade	0,0860NS
2.	Educação	0.2284*
3.	Experiência na quinta	0.1957*
4.	Participação social	0.2264*
5.	Dimensão da exploração agrícola	0,0775NS
6.	Rendimento anual	0.2132*
7.	Participação na extensão	0.2591†
8.	Exposição nos meios de comunicação social	0.2273*
9.	Inovação	0.2266*
10.	Orientação científica	0.2009*
11.	Orientação para o risco	0.2163*
12.	Potencialidade de irrigação	0.2204*
13.	Intensidade da cultura	0.1974*
14	Índice de rendimento	0.3567**

5.4.1 Idade e conhecimentos

Os dados apresentados no Quadro 21 foram utilizados para testar a hipótese nula (H1: 1) de que não existe relação entre o conhecimento da tecnologia de produção de grão-de-bico e a idade dos inquiridos.

O valor calculado do coeficiente de correlação (r = 0,0860) foi considerado não significativo ao nível de 0,05. Assim, a hipótese nula foi aceite. Pode inferir-se que existe uma relação não significativa entre os conhecimentos e a idade dos inquiridos. Significa que os conhecimentos dos inquiridos não estavam relacionados com a idade dos inquiridos.

Pode concluir-se que os inquiridos, independentemente da idade, estavam a tentar adotar as práticas recomendadas para o grão-de-bico, a fim de garantir uma maior produção, pelo que não se preocuparam com a sua idade para conhecer a tecnologia de produção de grão-de-bico recomendada.

Esta conclusão está em consonância com a de Chavda (2005), Singh (2007), Rajput (2010), Lohare (2017) e Raviya (2017).

5.4.2 Educação e conhecimento

Os dados apresentados no Quadro 21 foram utilizados para testar a hipótese nula (H1: 2) de que não existe relação entre o conhecimento da tecnologia de produção de grão-de-bico e a educação dos inquiridos.

O valor calculado do coeficiente de correlação (r = 0,2284) foi considerado positivo e significativo ao nível de 0,05. Assim, a hipótese nula foi rejeitada. Pode concluir-se que os conhecimentos dos inquiridos aumentam significativamente com o aumento do nível de instrução.

* = Significativo ao nível de 0,05,

† = Significativo ao nível de 0,01, NS= Não significativo

Isto pode dever-se ao facto de os agricultores instruídos terem geralmente uma elevada participação na extensão, uma elevada capacidade de inovação e uma elevada orientação científica, bem como um comportamento progressivo e um pensamento racional. Assim, compreendem a importância das práticas recomendadas para o grão-de-bico.

Esta conclusão está em consonância com a de Parmar (2006), Singh (2007), Chauhan (2008), Jadeja (2008), Satasiya (2008), Dalsaniya (2010), Rajput (2010), Lohare (2017) e Raviya (2017).

5.4.2 Experiência e conhecimentos na exploração agrícola

Os dados apresentados no Quadro 21 foram utilizados para testar a hipótese nula (H_1: 3) de que não existe relação entre o conhecimento da tecnologia de produção de grão-de-bico e a experiência agrícola dos inquiridos.

O valor calculado do coeficiente de correlação (r = 0,1957) foi considerado positivo e significativo ao nível de 0,05. Assim, a hipótese nula foi rejeitada. Pode concluir-se que os conhecimentos dos inquiridos aumentam significativamente com o aumento da experiência agrícola.

Isto pode dever-se ao facto de os agricultores experientes terem sempre tentado encontrar a solução para os problemas relacionados com a cultura do grão-de-bico e, nessa altura, terem obtido várias informações sobre os problemas. Assim, os seus conhecimentos sobre a tecnologia de produção de grão-de-bico aumentaram durante a sua experiência agrícola.

Esta conclusão está em consonância com a de Patel *et al.* (2002), Patel *et al.* (2003), Sangeetha *et al.* (2009) e Lohare (2017).

5.4.4 Participação social e conhecimento

Os dados apresentados no Quadro 21 foram utilizados para testar a hipótese nula (H_1: 4) de que não existe relação entre o conhecimento da tecnologia de produção de grão-de-bico e a participação social dos inquiridos.

O valor calculado do coeficiente de correlação (r = 0,2264) foi considerado positivo e significativo ao nível de 0,05. Assim, a hipótese nula foi rejeitada. Pode concluir-se que os conhecimentos dos inquiridos aumentaram significativamente com o aumento da sua participação social.

Isto pode dever-se ao facto de aqueles que participaram nos programas organizados por várias organizações poderem ter estado em contacto próximo com várias fontes de informação, bem como com várias pessoas direta ou indiretamente relacionadas com a agricultura. Estas organizações podem tê-los ajudado a obter as últimas informações sobre a tecnologia recomendada para a produção de grão-de-bico.

Esta conclusão está em conformidade com Chavda (2005), Vasava (2005), Tavethiya (2006), Dalsaniya (2010), Rajput (2010), Humbal (2012) e Lohare (2017).

5.4.5 Dimensão da propriedade fundiária e conhecimentos

Os dados apresentados no Quadro 21 foram utilizados para testar a hipótese nula (H_1: 5) de que não existe relação entre o conhecimento da tecnologia de produção de grão-de-bico e a dimensão da propriedade dos inquiridos.

O valor calculado do coeficiente de correlação (r = 0,0775) foi considerado positivo e não significativo ao nível de 0,05. Assim, a hipótese nula foi aceite. Pode concluir-se que não existe qualquer relação entre os conhecimentos dos inquiridos sobre a tecnologia de produção recomendada para o grão-de-bico e a dimensão da sua exploração agrícola. Isto significa que os conhecimentos dos inquiridos não estavam relacionados com a dimensão das suas explorações agrícolas.

Pode deduzir-se que os inquiridos, independentemente da dimensão da sua exploração agrícola, optavam pelas práticas recomendadas para o grão-de-bico, a fim de garantir uma maior produção, pelo que não se preocupavam com a dimensão da sua exploração agrícola para conhecer e adotar a tecnologia de produção recomendada para o grão-de-bico.

Resultados semelhantes foram registados por Chauhan (2008), Satasiya (2008), Dalsaniya (2010) e Raviya (2017).

5.4.6 Rendimento anual e conhecimentos

Os dados apresentados no Quadro 21 foram utilizados para testar a hipótese nula (H1: 6) de que não existe relação entre o conhecimento da tecnologia de produção de grão-de-bico e o rendimento anual dos inquiridos.

O valor do coeficiente de correlação calculado (r = 0,2132) foi considerado positivo e significativo ao nível de 0,05. Assim, a hipótese nula foi rejeitada.

Pode concluir-se que existe uma relação positiva e significativa entre o conhecimento da tecnologia de produção de grão-de-bico recomendada e o rendimento anual dos inquiridos. Isto significa que o rendimento anual dos inquiridos aumenta significativamente com o aumento dos conhecimentos sobre a tecnologia de produção de grão-de-bico.

Isto pode dever-se ao facto de os inquiridos que utilizaram várias fontes de informação e participaram em programas de extensão poderem ter adquirido mais conhecimentos e uma melhor compreensão e, em última análise, poderem ter aumentado os seus conhecimentos e a adoção de diferentes práticas recomendadas de produção de grão-de-bico, o que acabou por aumentar o seu rendimento anual.

Joshi (2004) e Lohare (2017) registaram resultados semelhantes.

5.4.7 Participação e conhecimento da extensão

Os dados apresentados na Tabela 21 foram usados para testar a hipótese nula (H1: 7) de que não há relação entre o conhecimento da tecnologia de produção de grão-de-bico e a participação dos inquiridos na extensão.

O valor do coeficiente de correlação calculado (r = 0,2591) foi considerado positivo e altamente significativo ao nível de 0,01. Assim, a hipótese nula foi rejeitada.

Pode concluir-se que existe uma relação positiva e altamente significativa entre os conhecimentos dos inquiridos sobre a tecnologia de produção do grão-de-bico e a sua participação na extensão. Isso significa que o conhecimento dos inquiridos aumentou significativamente com o aumento da participação na extensão.

Isto pode dever-se ao facto de os inquiridos que participaram em várias actividades de extensão poderem adquirir mais conhecimentos e uma melhor compreensão das práticas de produção de grão-de-bico, o que melhorou os seus conhecimentos.

Resultados semelhantes foram registados por Sahoo (2004), Humbal (2012), Hadiya (2013) e Raviya (2017).

5.4.8 Exposição e conhecimento dos meios de comunicação social

Os dados apresentados no Quadro 21 foram utilizados para testar a hipótese nula (H1: 8) de que não existe relação entre o conhecimento da tecnologia de produção de grão-de-bico e a exposição dos inquiridos aos meios de comunicação social.

O valor do coeficiente de correlação calculado (r = 0,2273) foi considerado positivo e significativo ao nível de 0,05. Assim, a hipótese nula foi rejeitada.

Pode inferir-se que existe uma relação positiva e significativa entre os conhecimentos dos inquiridos sobre a tecnologia de produção de grão-de-bico e a sua exposição aos meios de comunicação social. Isto significa que o conhecimento dos inquiridos aumenta significativamente com o aumento da exposição aos meios de comunicação social.

Isto pode dever-se ao facto de os inquiridos com maior exposição aos meios de comunicação social, incluindo rádio, televisão, revistas, etc., poderem obter informações mais úteis para a sua agricultura. Assim, os meios de comunicação social desempenharam um papel vital no aumento dos conhecimentos dos inquiridos sobre a tecnologia recomendada para a produção de grão-de-bico.

Esta conclusão estava em conformidade com as conclusões de Sahoo (2004), Tavethiya (2006), Dalsaniya (2010), Rajput (2010), Humbal (2012) e Lohare (2017).

5.4.9 Inovação e conhecimento

Os dados apresentados no Quadro 21 foram utilizados para testar a hipótese nula (H1: 9) de que não existe relação entre o conhecimento da tecnologia de produção de grão-de-bico e a capacidade de inovação dos inquiridos.

O valor do coeficiente de correlação calculado (r = 0,2266) foi considerado positivo e significativo ao nível de 0,05. Assim, a hipótese nula foi rejeitada.

Pode inferir-se que existe uma relação positiva e significativa entre o conhecimento da tecnologia de produção de grão-de-bico e a capacidade de inovação dos inquiridos. Isto significa que o nível de conhecimentos dos inquiridos sobre a tecnologia de produção de grão-de-bico aumentou à medida que aumentou a sua capacidade de inovação devido à sua vontade e confiança em ideias inovadoras relacionadas com a agricultura.

Esta conclusão está em consonância com as conclusões de Patel (2005), Chauhan (2008), Satasiya (2008), Kumbhani (2009) e Rajput (2010).

5.4.10 Orientação e conhecimentos científicos

Os dados apresentados no Quadro 21 foram utilizados para testar a hipótese nula (H1: 10) de que não existe relação entre o conhecimento da tecnologia de produção de grão-de-bico e a orientação científica dos inquiridos.

O valor do coeficiente de correlação calculado (r = 0,2009) foi considerado positivo e significativo ao nível de 0,05. Assim, a hipótese nula foi rejeitada.

Pode concluir-se que existe uma relação positiva e significativa entre os conhecimentos dos inquiridos sobre a tecnologia de produção de grão-de-bico e a sua orientação científica. Isto significa que o conhecimento dos inquiridos aumentou significativamente com o aumento da orientação científica.

A razão provável para este resultado pode ser o facto de a orientação científica os ter motivado a adquirir mais conhecimentos sobre as práticas recomendadas para o grão-de-bico.

Esta conclusão está em consonância com as conclusões de Sangeetha (2009), Lohare (2017) e Raviya (2017).

5.4.11 Orientação e conhecimento dos riscos

Os dados apresentados no Quadro 21 foram utilizados para testar a hipótese nula (H1: 11) de que não existe relação entre o conhecimento da tecnologia de produção de grão-de-bico e a idade dos inquiridos.

O valor do coeficiente de correlação calculado (r = 0,2163) foi considerado positivo e significativo ao nível de 0,05. Assim, a hipótese nula foi rejeitada.

Pode concluir-se que existe uma relação positiva e significativa entre os conhecimentos dos inquiridos sobre a tecnologia de produção de grão-de-bico e a sua orientação para o risco. Isto significa que o conhecimento dos inquiridos aumentou significativamente com o aumento da orientação para o risco. Esta constatação pode dever-se ao facto de os produtores de grão-de-bico que tinham uma elevada orientação para o risco estarem psicologicamente preparados para correr riscos no cultivo e experimentar novas práticas com vista a progredir na agricultura.

Esta conclusão está em consonância com as conclusões de Patidar (2002), Basnayak (2009) e Datta (2018).

5.4.12 Potencialidade e conhecimentos em matéria de irrigação

Os dados apresentados no Quadro 21 foram utilizados para testar a hipótese nula (H1: 12) de que não existe relação entre o conhecimento da tecnologia de produção de grão-de-bico e a potencialidade de irrigação dos inquiridos.

O valor do coeficiente de correlação calculado (r = 0,2204) foi considerado positivo e significativo ao nível de 0,05. Assim, a hipótese nula foi rejeitada.

Pode concluir-se que existe uma relação positiva e significativa entre os conhecimentos dos inquiridos sobre a tecnologia de produção de grão-de-bico e a sua potencialidade de irrigação. Significa que os conhecimentos dos inquiridos aumentam significativamente com o aumento da potencialidade de irrigação.

A razão provável para este resultado pode ser que o sistema de irrigação integrado com a adoção da tecnologia de produção de grão-de-bico recomendada daria mais rendimentos. Isto motivaria os inquiridos a adquirirem mais conhecimentos sobre a tecnologia de produção de grão-de-bico recomendada.

Esta conclusão está em consonância com as conclusões de Chavda (2005), Tavethiya (2006), Chauhan (2008), Dalsaniya (2010), Humbal (2012) e Raviya (2017).

5.4.13 Intensidade de cultivo e conhecimentos

Os dados apresentados no Quadro 21 foram utilizados para testar a hipótese nula (H1: 13) de que não existe relação entre o conhecimento da tecnologia de produção de grão-de-bico e a intensidade de cultivo dos inquiridos.

O valor calculado do coeficiente de correlação (r = 0,1974) foi considerado positivo e significativo ao nível de 0,05. Assim, a hipótese nula foi rejeitada.

Pode concluir-se que existe uma relação positiva e significativa entre os conhecimentos dos inquiridos sobre a tecnologia de produção de grão-de-bico e a sua intensidade de cultivo. Isto significa que os conhecimentos dos inquiridos aumentam significativamente com o aumento da intensidade de cultivo. A razão provável para este resultado pode ser o facto de o aumento da intensidade de cultivo motivar os inquiridos a adquirir mais conhecimentos sobre a tecnologia de produção.

Esta conclusão foi apoiada pelas conclusões de Chavda (2005), Tavethiya (2006), Satasiya (2008) e Dalsaniya (2010).

5.4.14 Índice de rendimento e conhecimentos

Os dados apresentados no Quadro 21 foram utilizados para testar a hipótese nula (H1: 14) de que não existe relação entre o conhecimento da tecnologia de produção de grão-de-bico e o índice de rendimento dos inquiridos.

O valor do coeficiente de correlação calculado (r = 0,3567) foi considerado positivo e altamente significativo ao nível de 0,01. Assim, a hipótese nula foi rejeitada.

Pode concluir-se que foi observada uma relação positiva e altamente significativa entre o nível de conhecimentos dos inquiridos sobre a tecnologia recomendada para a produção de grão-de-bico e o seu rendimento. Isto indica que o nível de conhecimentos aumentou com o aumento do índice de rendimento ou que o índice de rendimento aumentou com o aumento dos conhecimentos sobre a tecnologia de produção de grão-de-bico.

A razão provável para o resultado acima mencionado pode ser o facto de os inquiridos, cujo índice de rendimento era elevado, se terem auto-motivado para obter mais informações e conhecimentos sobre tecnologias de produção de grão-de-bico novas ou melhoradas. Por conseguinte, os conhecimentos dos inquiridos aumentaram com o aumento do seu índice de rendimento.

Esta conclusão foi apoiada pelas conclusões de Raviya (2017) e Datta (2018).

5.5 ASSOCIAÇÃO ENTRE AS CARACTERÍSTICAS SELECCIONADAS DOS PRODUTORES DE GRÃO-DE-BICO E O SEU GRAU DE ADOPÇÃO DA TECNOLOGIA DE PRODUÇÃO DE GRÃO-DE-BICO

A fim de determinar a relação entre o grau de adoção dos agricultores (variável dependente) e as suas características seleccionadas (variáveis independentes), foi calculado o coeficiente de correlação (valor "r"). As hipóteses empíricas foram formuladas para testar a relação e a sua significância na correlação de ordem zero. Os resultados da correlação são apresentados no Quadro 22.

Quadro 22: Correlação entre as características seleccionadas dos inquiridos e a sua adoção relativamente à tecnologia de produção de grão-de-bico (n = 120)

N.º Sr.	Nome das variáveis independentes	valor "r"
1.	Idade	$0.0791NS$
2.	Educação	$0.1859*$
3.	Experiência na quinta	$0.1842*$
4.	Participação social	$0.2224*$
5.	Dimensão da exploração agrícola	$0,0580NS$
6.	Rendimento anual	$0.2051*$
7.	Participação na extensão	$0.2432**$
8.	Exposição nos meios de comunicação social	$0.2079*$
9.	Inovação	$0.2093*$
10.	Orientação científica	$0.2005*$
11.	Orientação para o risco	$0.1925*$
12.	Potencialidade de irrigação	$0.2102*$
13.	Intensidade da cultura	$0.1896*$
14	Índice de rendimento	$0.3490**$

* = Significativo ao nível de 0,05,

** = Significativo ao nível de 0,01, NS= Não significativo

5.5.1 Idade e adoção

Os dados apresentados no Quadro 22 foram utilizados para testar a hipótese nula (H_2: 1) de que não existe relação entre a adoção da tecnologia de produção de grão-de-bico e a idade dos inquiridos.

O valor do coeficiente de correlação calculado (r = 0,0791) foi considerado positivo e não significativo ao nível de 0,05. Assim, a hipótese nula foi aceite. Significa que não foi encontrada qualquer relação entre a idade dos inquiridos e o seu grau de adoção da tecnologia de produção de grão-de-bico.

Pode inferir-se que houve uma relação não significativa entre a adoção da tecnologia de produção de grão-de-bico pelos inquiridos e a sua idade. Isto significa que a adoção dos inquiridos não está relacionada com a idade dos mesmos.

Isto pode dever-se ao facto de, independentemente da idade, os agricultores terem adotado a tecnologia de produção de grão-de-bico nas suas explorações, em função da sua exposição a várias fontes de informação e dos seus próprios recursos.

Esta conclusão está em consonância com as conclusões de Verma (2009), Rajput (2010), Divakar (2011), Lohare (2017) e Raviya (2017).

5.5.2 Educação e adoção

Os dados apresentados no Quadro 22 foram utilizados para testar a hipótese nula (H_2: 2) de que não existe relação entre a adoção da tecnologia de produção de grão-de-bico e a educação dos inquiridos.

O valor do coeficiente de correlação calculado (r = 0,1859) foi considerado positivo e significativo ao nível de 0,05. Assim, a hipótese nula foi rejeitada.

Pode inferir-se que houve uma relação positiva e significativa entre a adoção pelos inquiridos da tecnologia de produção de grão-de-bico e a sua educação. Isto significa que a adoção dos inquiridos aumentou significativamente com o aumento da sua educação.

A razão provável pode ser que os inquiridos com formação compreendem a importância das inovações e poderiam ter adotado rápida e facilmente a tecnologia de produção de grão-de-bico recomendada. Poderiam também ter mantido a fé em novas investigações e numa maior adoção de tecnologias.

Este resultado foi apoiado pelas conclusões de Verma (2009), Rajput (2010), Divakar (2011) e Lohare (2017).

5.5.3 Experiência e adoção nas explorações agrícolas

Os dados apresentados no Quadro 22 foram utilizados para testar a hipótese nula (H_2: 3) de que não existe relação entre a adoção de tecnologia de produção de grão-de-bico e a experiência agrícola dos inquiridos.

O valor do coeficiente de correlação calculado (r = 0,1842) foi considerado positivo e significativo ao nível de 0,05. Assim, a hipótese nula foi rejeitada.

A razão pode ser que, à medida que a experiência agrícola aumenta, os agricultores podem compreender o desempenho e o papel da tecnologia de produção de grão-de-bico recomendada na melhoria do rendimento. Por essa razão, a sua adoção aumentou com o aumento da sua experiência agrícola.

Este resultado foi apoiado pelas conclusões de Rajput (2010) e Lohare (2017).

5.5.4 Participação social e adoção

Os dados apresentados no Quadro 22 foram utilizados para testar a hipótese nula (H_2: 4) de que não existe relação entre a adoção da tecnologia de produção de grão-de-bico e a participação social dos inquiridos.

O valor do coeficiente de correlação calculado (r = 0,2224) foi positivo e significativo ao nível de 0,05. Assim, a hipótese nula (H_2: 4) foi rejeitada e concluiu-se que a participação social dos produtores de grão-de-bico estava positiva e significativamente correlacionada com o grau de adoção da tecnologia de produção de grão-de-bico recomendada.

Isto indicou que a participação social influencia a adoção da tecnologia de produção de grão-de-bico, uma vez que dá oportunidade a um indivíduo de interagir com organizações, o que resulta na aquisição de conhecimentos e é provável que receba pistas de outras pessoas que servirão, reforçarão e apoiarão o conceito de uma inovação que os motivou a adotar.

Este resultado foi apoiado pelas conclusões de Tavethiya (2006), Satasiya (2008), Verma (2009), Dalsaniya (2010), Rajput (2010), Divakar (2011), Humbal (2012) e Lohare (2017).

5.5.5 Dimensão da propriedade fundiária e adoção

Os dados apresentados no Quadro 22 foram utilizados para testar a hipótese nula (H_2: 5) de que não existe relação entre a adoção da tecnologia de produção de grão-de-bico e a dimensão da propriedade dos inquiridos.

O valor do coeficiente de correlação calculado (r = 0,0580) foi considerado positivo e não significativo ao nível de 0,05. Assim, a hipótese nula foi aceite.

Pode inferir-se que houve uma relação não significativa entre a adoção pelos inquiridos da tecnologia de produção de grão-de-bico e a dimensão das suas terras. Significa que a adoção dos inquiridos não está relacionada com a dimensão das suas explorações agrícolas.

Isto pode dever-se ao facto de os agricultores, independentemente da dimensão da sua exploração, também terem adotado a tecnologia de produção de grão-de-bico e de a adoção da tecnologia de produção de grão-de-bico não estar significativamente associada à dimensão da sua exploração.

Esta conclusão foi apoiada pelas conclusões de Raviya (2017) e Datta (2018).

5.5.6 Rendimento anual e adoção

Os dados apresentados no Quadro 22 foram utilizados para testar a hipótese nula (H2: 6) de que não existe relação entre a adoção da tecnologia de produção de grão-de-bico e o rendimento anual dos inquiridos.

O valor do coeficiente de correlação calculado (r = 0,2051) foi considerado positivo e significativo. Assim, a hipótese nula foi rejeitada. Pode concluir-se que houve uma relação positiva e significativa entre a adoção pelos inquiridos da tecnologia de produção de grão-de-bico e o seu rendimento anual.

Isto pode dever-se ao facto de, com o aumento do rendimento anual, a maioria dos inquiridos se ter auto-motivado para adotar a tecnologia de produção de grão-de-bico.

Esta conclusão foi corroborada pelas conclusões de Verma (2009), Dalsaniya (2010), Divakar (2011), Gorfad (2012) e Lohare (2017).

5.5.7 Participação e adoção da extensão

Os dados apresentados na Tabela 22 foram usados para testar a hipótese nula (H2: 7) de que não há relação entre a adoção da tecnologia de produção de grão-de-bico e a participação dos inquiridos na extensão.

O valor do coeficiente de correlação calculado (r = 0,2432) foi considerado positivo e altamente significativo. Assim, a hipótese nula foi rejeitada.

Pode inferir-se que houve uma relação positiva e altamente significativa entre a adoção pelos inquiridos da tecnologia de produção de grão-de-bico e a sua participação na extensão. Isto significa que a adoção dos inquiridos aumentou significativamente com o aumento da participação na extensão.

A razão provável pode ser que, devido a uma maior participação nas actividades de extensão, os inquiridos adquiriram mais conhecimentos e os serviços de extensão facilitaram e motivaram-nos para uma maior adoção da tecnologia de produção de grão-de-bico.

Esta conclusão está em conformidade com as conclusões de Hadiya (2013) e Raviya (2017).

5.5.8 Exposição e adoção dos meios de comunicação social

Os dados apresentados no Quadro 22 foram utilizados para testar a hipótese nula (H2: 8) de que não existe relação entre a adoção da tecnologia de produção de grão-de-bico e a exposição dos inquiridos aos meios de comunicação social.

O valor do coeficiente de correlação calculado (r = 0,2079) foi considerado positivo e significativo. Assim, a hipótese nula foi rejeitada.

Pode inferir-se que houve uma relação positiva e significativa entre a adoção pelos inquiridos da tecnologia de produção de grão-de-bico e a sua exposição aos meios de comunicação social. Isto significa que a adoção dos inquiridos aumentou significativamente com o aumento da exposição aos meios de comunicação social.

A razão provável para este resultado pode ser que, com uma maior exposição aos meios de comunicação social, os inquiridos puderam obter mais conhecimentos e informações sobre novas tecnologias, o que os motivou e aumentou a sua adoção da tecnologia de produção de grão-de-bico recomendada.

Esta constatação está em conformidade com as conclusões de Tavethiya (2006), Dalsaniya (2010), Gorfad (2012) e Lohare (2017).

5.5.9 Capacidade de inovação e adoção

Os dados apresentados no Quadro 22 foram utilizados para testar a hipótese nula (H2: 9) de que não existe relação entre a adoção da tecnologia de produção de grão-de-bico e a capacidade de inovação dos inquiridos.

O valor do coeficiente de correlação calculado (r = 0,2093) foi considerado positivo e significativo. Assim, a hipótese nula foi rejeitada.

Pode inferir-se que houve uma relação positiva e significativa entre o nível de adoção dos inquiridos sobre a tecnologia de produção de grão-de-bico e a sua capacidade de inovação. Isto significa que a adoção dos inquiridos aumentou significativamente com o aumento da capacidade de inovação.

A razão provável pode ser que, devido ao facto de os inquiridos mais inovadores terem experimentado práticas diferentes para obterem um maior rendimento, se estabeleceu uma relação positiva entre a capacidade de inovação e a adoção.

Esta constatação está em conformidade com as conclusões de Tavethiya (2006), Satasiya (2008), Dalsaniya (2010) e Rajput (2010).

5.5.10 Orientação e adoção científica

Os dados apresentados no Quadro 22 foram utilizados para testar a hipótese nula (H2: 10) de que não existe relação entre a adoção de tecnologia de produção de grão-de-bico e a orientação científica dos inquiridos.

O valor do coeficiente de correlação calculado (r = 0,2005) foi considerado positivo e significativo. Assim, a hipótese nula foi rejeitada.

Pode inferir-se que houve uma relação positiva e significativa entre o nível de adoção da tecnologia de produção de grão-de-bico pelos inquiridos e a sua orientação científica.

Isto significa que a adoção dos inquiridos aumenta significativamente com o aumento da orientação científica. A razão provável pode ser que, neste caso, a maioria dos inquiridos tinha uma orientação científica média a elevada e, devido a esse tipo de natureza, tentaram adotar uma tecnologia de produção de grão-de-bico nova e recomendada.

Esta conclusão está em conformidade com as conclusões de Joshi (2004), Patel (2005), Umretiya (2015) e Lohare (2017).

5.5.11 Orientação para o risco e adoção

Os dados apresentados no Quadro 22 foram utilizados para testar a hipótese nula (H2: 11) de que não existe relação entre a adoção da tecnologia de produção de grão-de-bico e a orientação para o risco dos inquiridos.

O valor do coeficiente de correlação calculado (r = 0,1925) foi considerado positivo e significativo. Assim, a hipótese nula foi rejeitada.

Pode resumir-se que houve uma relação positiva e significativa entre o nível de adoção dos inquiridos sobre a tecnologia de produção de grão-de-bico e a sua orientação para o risco. Isto significa que a adoção dos inquiridos aumentou significativamente com o aumento da sua orientação para o risco.

A razão pode ser o facto de os produtores mais orientados para o risco terem assumido mais riscos e enfrentado os desafios para obterem o máximo de rendimentos. Por esse motivo, adoptaram tecnologias de produção de grão-de-bico novas ou recomendadas, tendo-se observado este tipo de relação.

Esta conclusão está em conformidade com as conclusões de Verma (2009) e Divakar (2011).

5.5.12 Potencialidade e adoção da irrigação

Os dados apresentados no Quadro 22 foram utilizados para testar a hipótese nula ($H2$: 10) de que não existe relação entre a adoção da tecnologia de produção de grão-de-bico e a potencialidade de irrigação dos inquiridos.

O valor do coeficiente de correlação calculado (r = 0,2102) foi considerado positivo e significativo. Assim, a hipótese nula foi rejeitada.

Pode inferir-se que houve uma relação positiva e significativa entre a adoção pelos inquiridos da tecnologia de produção de grão-de-bico e a sua potencialidade de irrigação. Isto significa que a adoção dos inquiridos aumenta significativamente com o aumento da potencialidade de irrigação.

A razão pode ser que os inquiridos com boa potencialidade de irrigação se tornaram auto-motivados para a adoção de tecnologias de produção novas e recomendadas.

Esta conclusão está em conformidade com as conclusões de Tavethiya (2006), Satasiya (2008), Kumbhani (2009) e Gorfad (2012).

5.5.13 Intensidade de cultivo e adoção

Os dados apresentados no Quadro 22 foram utilizados para testar a hipótese nula ($H2$: 13) de que não existe relação entre a adoção da tecnologia de produção de grão-de-bico e a intensidade de cultivo dos inquiridos.

O valor do coeficiente de correlação calculado (r = 0,1896) foi considerado positivo e significativo. Assim, a hipótese nula foi rejeitada.

Pode inferir-se que houve uma relação positiva e significativa entre a adoção pelos inquiridos da tecnologia de produção de grão-de-bico e a sua intensidade de cultivo. Isto significa que a adoção dos inquiridos aumenta significativamente com o aumento da intensidade de cultivo.

A razão provável para este resultado pode ser o facto de o aumento da intensidade das culturas ter motivado os inquiridos a adotar mais tecnologias de produção melhoradas.

Esta constatação está em conformidade com as conclusões de Tavethiya (2006), Satasiya (2008), Divakar (2011), Gorfad (2012) e Hadiya (2013).

5.5.14 Índice de rendimento e adoção

Os dados apresentados no Quadro 22 foram utilizados para testar a hipótese nula ($H2$: 14) de que não existe relação entre a adoção da tecnologia de produção de grão-de-bico e o índice de rendimento dos inquiridos.

O valor do coeficiente de correlação calculado (r = 0,3490) foi considerado positivo e altamente significativo. Assim, a hipótese nula foi rejeitada.

Pode inferir-se que houve uma relação positiva e altamente significativa entre a adoção pelos inquiridos da tecnologia de produção de grão-de-bico e o seu índice de rendimento. Isto significa que a adoção dos inquiridos aumenta de forma altamente significativa com o aumento do índice de rendimento.

Isto pode dever-se ao facto de que, com o aumento do índice de rendimento, o aumento do rendimento da produção vegetal motiva os inquiridos a adotar uma nova tecnologia de produção. Esta foi a razão por detrás deste tipo de associação entre o índice de rendimento e a adoção da tecnologia de produção recomendada para o grão-de-bico.

Esta conclusão está em conformidade com as conclusões de Raviya (2017) e Datta (2018).

5.6 CONSTRANGIMENTOS ENFRENTADOS PELOS PRODUTORES DE GRÃO-DE-BICO EM

ADOPÇÃO DA TECNOLOGIA RECOMENDADA PARA A PRODUÇÃO DE GRÃO-DE-BICO

No processo de desenvolvimento agrícola, o motor principal pode ser considerado como a tecnologia agrícola melhorada. O benefício de tal tecnologia só é efetivamente obtido quando os agricultores, nas suas situações locais, a utilizam eficazmente. Os obstáculos à adoção de práticas melhoradas nunca acabam. No entanto, podem ser minimizados. Pediu-se aos inquiridos que expressassem os constrangimentos que enfrentam na adoção da tecnologia de produção de grão-de-bico, calculou-se a frequência e a percentagem de cada constrangimento e, nessa base, os constrangimentos foram classificados e apresentados na tabela 23.

Quadro 23: Constrangimentos enfrentados pelos inquiridos na adoção da tecnologia de produção de grão-de-bico recomendada   (n = 120)

Sr. n°.	Restrições	N.º de inquiridos	Percentagem (%)	Classificação
1.	Custo elevado dos factores de produção agrícola	110	91.67	I
2.	Não disponibilidade de preços de mercado adequados para os produtos agrícolas	102	85.00	II
3.	Baixa produção devido a infestações de pragas e doenças	95	79.17	III
4.	Custo elevado da mão de obra	89	74.17	IV
5.	Falta de conhecimentos adequados sobre as variedades melhoradas	81	67.50	V
6.	Destruição da cama de sementes por animais perigosos	76	63.33	VI
7.	Falta de conhecimentos sobre biofertilizantes	71	59.17	VII
8.	Falta de disponibilidade constante de eletricidade no momento da irrigação das culturas	62	51.67	VIII
9.	Falta de conhecimentos sobre as propriedades do solo	58	48.33	IX
10.	Falta de conhecimento sobre o P.M.S. (preço mínimo de apoio)	51	42.50	X
11.	Custos de transporte mais elevados	46	38.33	XI
12.	Escassez de instalações de armazenamento	39	32.50	XII

Os resultados do Quadro 23 indicam que os constrangimentos enfrentados pelos agricultores na adoção da tecnologia de produção de grão-de-bico são os seguintes

Os principais constrangimentos enfrentados pelos agricultores foram: o elevado custo dos insumos agrícolas, que foi enfrentado por 91,67% dos inquiridos, seguido da não disponibilidade de preços de mercado adequados para os produtos agrícolas (85,00%), baixa produção devido a infestações de pragas e doenças (79,17%), elevado custo da mão de obra (74,17%) e falta de conhecimentos sobre variedades melhoradas, que foi enfrentada por 67,50% dos inquiridos.

Além disso, a destruição da cama de sementes por animais perigosos foi enfrentada por 63,33% dos inquiridos, seguida da falta de conhecimentos sobre biofertilizantes (59,17%) e da falta de disponibilidade constante de eletricidade no momento da irrigação das culturas (51,67%).

Finalmente, os constrangimentos menos importantes enfrentados pelos produtores de grão-de-bico foram: falta de conhecimento sobre as propriedades do solo (48,33%), falta de conhecimento sobre o M.S.P. (preço mínimo de apoio) (42,50%), alto custo de transporte (38,33%) e falta de instalações de armazenamento (32,50%).

5.7 SUGESTÕES DOS PRODUTORES DE GRÃO-DE-BICO PARA ULTRAPASSAR OS CONSTRANGIMENTOS QUE ENFRENTAM NA ADOPÇÃO DE TECNOLOGIA RECOMENDADA PARA A PRODUÇÃO DE GRÃO-DE-BICO

Para determinar as sugestões para ultrapassar os constrangimentos na adoção da tecnologia de produção de grão-de-bico, os inquiridos foram convidados a apresentar as suas sugestões abertamente. A frequência foi calculada para cada sugestão e convertida em percentagem e a classificação foi dada. As sugestões, juntamente com as suas percentagens, são apresentadas no Quadro 24.

Quadro 24: Sugestões dos inquiridos para ultrapassar os constrangimentos enfrentados por

na adoção da tecnologia recomendada para a produção de grão-de-bico

(n = 120)

Sr.no.	Sugestões	N.º de inquiridos	Percentagem (%)	Classificação
1.	O fornecimento de factores de produção deve ser subsidiado	112	93.33	I
2.	Os produtos devem ser comprados pelo governo a um preço razoável	108	90.00	II
3.	Fornecer conhecimentos técnicos sobre insecticidas, fungicidas e infestantes	98	81.67	III
4.	Devem ser desenvolvidos projectos de captação de água para aumentar a disponibilidade de água para irrigação	86	71.67	IV
5.	Deveria ser organizado um maior número de programas de formação a nível das aldeias	81	67.50	V
6.	As instalações de vedação devem ser fornecidas a uma taxa subsidiada	76	63.33	VI
7.	Proporcionar instalações de mercado a nível das aldeias	71	59.17	VII
8.	As sementes de variedades melhoradas devem ser disponibilizadas a nível das aldeias	68	56.67	VIII
9.	A informação sobre o mercado deve ser	59	49.17	IX

	disponibilizada em tempo útil a nível da aldeia			
10.	Devem ser disponibilizadas facilidades de crédito suficientes e atempadas	55	45.83	X
11.	Fornecer informações adequadas sobre os seguros de colheitas	52	43.33	XI
12.	Os extensionistas devem contactar frequentemente os agricultores para os sensibilizar para as novas tecnologias	45	37.50	XII
13.	O fornecimento regular de eletricidade deve ser assegurado	39	32.50	XIII

As sugestões mais importantes oferecidas pelos produtores de grão-de-bico para superar os constrangimentos na adoção da tecnologia de produção de grão-de-bico foram: o fornecimento de insumos de produção deve ser subsidiado (93,33%), seguido de produtos que devem ser comprados pelo governo a um preço razoável (83,33%), fornecer conhecimentos técnicos sobre insecticidas, fungicidas e herbicidas (81,67%), desenvolver projectos de recolha de água para aumentar a disponibilidade de água de irrigação (71,67%) e organizar mais programas de formação a nível da aldeia (67,50%) e instalações de vedação (81,67%).67 por cento), devem ser desenvolvidos projectos de recolha de água para aumentar a disponibilidade de água de irrigação (71,67 por cento) e deve ser organizado um maior número de programas de formação ao nível da aldeia (67,50 por cento) e devem ser fornecidas vedações a preços subsidiados, foi sugerido por 63,33 por cento dos inquiridos.

Para além destas, algumas outras sugestões dadas pelos agricultores foram: fornecer facilidades de mercado ao nível da aldeia (59,17 por cento), seguidas de sementes de variedades melhoradas que devem ser disponibilizadas ao nível da aldeia (56,67 por cento), informação sobre o mercado que deve ser disponibilizada na altura certa ao nível da aldeia (49,17 por cento), facilidades de crédito suficientes e atempadas (45,83 por cento), fornecer informação adequada sobre seguros de colheitas (43,33 por cento), os extensionistas devem contactar frequentemente os agricultores para os sensibilizar para a necessidade de seguros de colheitas (43,33 por cento).17 por cento), devem ser disponibilizadas facilidades de crédito suficientes e atempadas (45,83 por cento), deve ser fornecida informação adequada sobre seguros de colheitas (43,33 por cento), os extensionistas devem contactar frequentemente os agricultores para os sensibilizar para as novas tecnologias (37,50 por cento) e deve ser fornecida eletricidade regular (32,50 por cento).

CAPÍTULO VI

RESUMO E CONCLUSÃO

Neste capítulo, inclui-se uma descrição sucinta do estudo no que diz respeito ao resumo, à conclusão, às implicações e às sugestões para investigação futura. Este capítulo foi dividido nos seguintes subtítulos.

6.1 Resumo

6.2 Principais resultados e conclusões

6.3 Implicações

6.4 Sugestões para a prossecução da investigação

6.1 RESUMO

6.1.1 Introdução

As leguminosas para grão, em particular as leguminosas secas, desempenham um papel vital no fornecimento das necessidades quantitativas e qualitativas de proteínas a uma grande parte da população. Entre as leguminosas, a grama (*Cicer arientinum* L.) é uma cultura importante, vulgarmente conhecida como *chana* no Rajastão, Bihar, Uttar Pradesh e Gujarat; *chhole* no Punjab; *boot* em Orissa; *harbara* em Maharashtra e *kadale* em Karnataka. Em inglês, é conhecida como Chickpea, Bengal gram ou simplesmente gram. A grama é cultivada principalmente em países como a Índia, o Paquistão, a Etiópia, o México, a Birmânia, a Espanha, Marrocos, a Turquia, o Irão e a Tanzânia. É a cultura de leguminosas mais importante da Índia. Só a Índia possui quase 75% da área cultivada e da produção mundial de grão-de-bico. Na Índia, a área cultivada com grão-de-bico foi de 8,39 milhões de hectares, com uma produção de 7,06 milhões de toneladas e uma produtividade de 840 kg/ha durante o *rabi* de 2015-16. Em Gujarat, a área cultivada com grão-de-bico foi de 0,12 milhões de hectares, com uma produção total de 0,15 milhões de toneladas e uma produtividade de 1330 kg/ha em 2015-16. Madhya Pradesh, Uttar Pradesh, Rajasthan, Maharashtra, Gujarat, Andhra Pradesh e Karnataka são os principais estados produtores de grão-de-bico da Índia (Dixit, 2017).

As sementes de grão-de-bico contêm aminoácidos essenciais como a isoleucina, a leucina, a lisina, a fenilalanina e a valina (Karim e Fattah, 2006). É também uma fonte rica de cálcio, fósforo, vitaminas e ferro. O grão-de-bico é utilizado para a purificação do sangue. O grão-de-bico não só é uma importante fonte de proteínas na alimentação humana, como também desempenha um papel significativo na manutenção da fertilidade do solo, através da fixação biológica de azoto (Ali, 2002). Fornece também forragens verdes e secas palatáveis e concentrados para animais de leite e de tração. O grão-de-bico é utilizado como dal na forma dividida e as sementes inteiras fritas ou cozidas também são consumidas. A casca e os pedaços de dal são utilizados como alimento nutritivo para os animais. O grão-de-bico verde imaturo é também utilizado como legume e a sua farinha é um ingrediente importante em aperitivos e doces na Índia.

O grão-de-bico é uma cultura de inverno que requer um clima fresco e seco. A ocorrência de geadas na altura da floração faz com que a flor não desenvolva sementes. Chuvas excessivas pouco depois da sementeira ou durante a floração, a frutificação ou a maturação provocam grandes perdas de rendimento. É mais adequado para zonas com precipitação moderada de 65 a 100 cm por ano. A cultura do grão-de-bico semeado tardiamente é afetada pelo clima estival, que provoca uma maturação precoce e reduz o rendimento, pelo que a época ideal para a sementeira é a segunda quinzena de outubro ou a primeira semana de novembro.

O rendimento médio do grão-de-bico em Gujarat, entre 2011 e 2016, é de 1187 kg/ha (Anon., 2018a), muito inferior ao rendimento obtido na parcela de demonstração e na estação de investigação, que é de 1800 a 2000 kg/ha de grão-de-bico de sequeiro e de 2300 a 2700 kg/ha de grão-de-bico de regadio. Isto pode dever-se à adoção parcial da tecnologia de produção e à falta de conhecimentos sobre a cultura do grão-de-bico em geral. A Índia, sendo o maior produtor de grão-de-bico, ocupa uma posição de grande prestígio no mundo. Por conseguinte, existe uma enorme oportunidade para aumentar a produção de grão-de-bico através da adoção de práticas de cultivo melhoradas e adequadas. Isto só parece possível quando os cultivadores adoptam a tecnologia de produção de grão-de-bico recomendada de acordo com as suas preferências. Por conseguinte, é mais do que tempo de avaliar o nível de conhecimento e o grau de adoção da tecnologia de produção de grão-de-bico recomendada pelos agricultores.

No presente estudo, procurou-se conhecer os conhecimentos e a adoção pelos agricultores da tecnologia de produção de grão-de-bico. Assim, foi proposto um estudo sobre **"Conhecimento e adoção pelos agricultores da tecnologia de produção de grão-de-bico no distrito de Junagadh",** com os seguintes objectivos específicos

1.   Estudar as características pessoais, socioeconómicas, comunicacionais, psicológicas e situacionais dos produtores de grão-de-bico

2.   Avaliar o nível de conhecimento dos produtores de grão-de-bico sobre a tecnologia recomendada para a produção de grão-de-bico

3.   Conhecer o grau de adoção da tecnologia recomendada para a produção de grão-de-bico

4.   Estudar a associação entre as características seleccionadas dos produtores de grão-de-bico e os seus conhecimentos sobre a tecnologia de produção de grão-de-bico

5.   Estudar a associação entre as características seleccionadas dos produtores de grão-de-bico e o seu grau de adoção da tecnologia de produção de grão-de-bico

6.   Descobrir os constrangimentos enfrentados pelos produtores de grão-de-bico na adoção da tecnologia de produção de grão-de-bico recomendada

7.   Procurar sugestões junto dos produtores de grão-de-bico para ultrapassar os constrangimentos que enfrentam na adoção da tecnologia de produção de grão-de-bico recomendada

6.1.2 Revisão da literatura

Uma breve descrição da literatura analisada foi apresentada sob diferentes títulos, a saber características seleccionadas dos produtores de grão-de-bico (i.e. características pessoais, socioeconómicas, comunicacionais, psicológicas e situacionais), nível de conhecimento dos produtores de grão-de-bico sobre a tecnologia de produção de grão-de-bico recomendada, grau de adoção da tecnologia de produção de grão-de-bico recomendada, associação entre as características seleccionadas dos produtores de grão-de-bico e o seu nível de conhecimento, associação entre características seleccionadas dos produtores de grão-de-bico e o seu grau de adoção, constrangimentos enfrentados pelos produtores de grão-de-bico na adoção da tecnologia de produção de grão-de-bico recomendada e sugestões dos produtores de grão-de-bico para ultrapassar os constrangimentos enfrentados na adoção da tecnologia de produção de grão-de-bico recomendada.

6.1.3 Metodologia

Para a realização do estudo, foi seguido um modelo de investigação ex-post facto. Para selecionar a amostra para o estudo, foram utilizadas técnicas de amostragem multiestágio, intencional e aleatória. O distrito de Junagadh, na região de Saurashtra, no Estado de Gujarat, foi selecionado propositadamente, uma vez que apresenta condições ideais para a cultura do grão-de-bico. O distrito de Junagadh é composto por nove talukas e, de entre elas, 4 talukas, ou seja, Maliya, Keshod, Junagadh e Mendarda, foram seleccionadas propositadamente para o estudo devido à área favorável de produção da cultura do grão-de-bico e à área familiar do investigador. Foram seleccionadas aleatoriamente três aldeias de cada uma das talukas seleccionadas. Assim, foram seleccionadas para o estudo um total de 12 aldeias. Seguiu-se um procedimento de amostragem aleatória para a seleção dos inquiridos e, consequentemente, foram seleccionados como inquiridos dez produtores de grão-de-bico de cada aldeia. Assim, foram seleccionados para o estudo 120 produtores de grão-de-bico.

As variáveis dependentes utilizadas neste estudo foram o grau de conhecimento e a adoção de tecnologia de produção de grão-de-bico. Para medir o grau de conhecimento e de adoção dos produtores de grão-de-bico, foram incluídas quinze práticas, ou seja, preparação da terra, variedades melhoradas, taxa de sementes, tratamento de sementes, biofertilizantes, época de sementeira, espaçamento, aplicação de fertilizantes químicos, micronutrientes e reguladores de crescimento das plantas, monda e interculturas, controlo de pragas, controlo de doenças, irrigação, colheita e armazenamento. A fim de medir o grau de adoção, foi desenvolvida e utilizada uma escala feita por professores.

As catorze variáveis independentes utilizadas neste estudo, ou seja, idade, educação, experiência agrícola, participação social, dimensão da propriedade, rendimento anual, participação na extensão, exposição aos meios de comunicação social, capacidade de inovação, orientação científica, orientação para o risco, potencialidade de irrigação, intensidade de cultivo e índice de rendimento, foram medidas com a ajuda de uma escala e de procedimentos adequados, com as devidas modificações. Também foram estudados os constrangimentos enfrentados pelos produtores de grão-de-bico na adoção da tecnologia de produção de grão-de-bico recomendada e as sugestões para ultrapassar os constrangimentos.

Foi elaborado um programa de entrevistas de acordo com os objectivos do estudo, que foi pré-testado e traduzido para a língua gujarati. Os dados deste estudo foram recolhidos com a ajuda do programa estrutural de entrevistas. Os dados recolhidos foram classificados, tabulados, analisados e interpretados de modo a tornar as conclusões significativas. Foram utilizadas no estudo medidas estatísticas como a percentagem, a média, o desvio-padrão e o coeficiente de correlação.

6.2 PRINCIPAIS RESULTADOS E CONCLUSÕES

As conclusões que foram retiradas com base nos resultados do estudo são as seguintes

6.2.1 Características dos inquiridos

6.2.1.1 Características pessoais

No que diz respeito às características pessoais, mais de metade (53,33%) dos inquiridos pertenciam ao grupo etário médio, cerca de 43,33% dos inquiridos tinham um nível de escolaridade médio ou secundário e três quintos (60,00%) dos inquiridos tinham uma experiência agrícola média.

6.2.1.2 Características socioeconómicas

No que diz respeito às características socioeconómicas, a maioria (70,00 por cento) dos inquiridos pertencia à categoria de participação social de dimensão média, quase metade (46,67 por cento) dos inquiridos possuía uma propriedade fundiária de dimensão média e cerca de 38,33 por cento dos inquiridos tinham um nível de rendimento anual médio.

6.2.1.3 Características de comunicação

No que diz respeito às características de comunicação, um pouco mais de três quintos

(61,67%) dos inquiridos pertencem a uma participação média na extensão e 62,50% dos inquiridos têm uma exposição média aos meios de comunicação social.

6.2.1.4 Características psicológicas

Em relação aos aspectos psicológicos, 65,84% dos inquiridos tinham um nível médio de capacidade de inovação, mais de metade (54,17%) dos inquiridos tinham um nível médio de orientação científica e 57,50% dos inquiridos tinham um nível médio de orientação para o risco.

6.2.1.5 Características da situação

Em relação às características situacionais, quase metade (47,50%) dos inquiridos tinham um nível médio de potencialidade de irrigação, um pouco mais de metade (50,83%) dos inquiridos tinham um nível médio de intensidade de cultivo e 54,17% dos inquiridos tinham um nível médio de índice de rendimento.

6.2.2 Nível de conhecimento dos inquiridos sobre o grão-de-bico recomendado
Tecnologia de produção

A maioria (71,67%) dos inquiridos tinha um nível médio de conhecimentos sobre a tecnologia de produção de grão-de-bico recomendada, seguido de 15,83% e 12,50% dos inquiridos com um nível alto e baixo de conhecimentos sobre a tecnologia de produção de grão-de-bico recomendada, respetivamente.

6.2.3 Grau de adoção da tecnologia recomendada para a produção de grão-de-bico

A maioria (64,17%) dos inquiridos tinha um nível médio de adoção da tecnologia recomendada para a produção de grão-de-bico, enquanto 21,37% tinham um nível elevado e 14,16% tinham um nível baixo de adoção da tecnologia recomendada para a produção de grão-de-bico.

6.2.3.1 Adoção prática da tecnologia recomendada para a produção de grão-de-bico

O nível de adoção foi mais elevado em práticas como a preparação da terra, que obteve a classificação 1st , seguida do espaçamento (classificação II), do momento da sementeira (classificação III), da monda e da intercultura (classificação IV), da taxa de sementes (classificação V), da colheita (classificação VI), do armazenamento (classificação VII), tratamento de sementes (posição VIII), aplicação de fertilizantes químicos (posição IX), irrigação (posição X), variedade melhorada (posição XI), controlo de doenças (posição XII), controlo de pragas (posição XIII), biofertilizantes (posição XIV) e micronutrientes e reguladores de crescimento de plantas (posição XV).

6.2.4 Associação entre as características seleccionadas dos produtores de grão-de-bico e os seus conhecimentos sobre a tecnologia de produção de grão-de-bico

As características do inquirido, ou seja, a participação na extensão e o índice de rendimento, tiveram uma relação positiva e altamente significativa com o conhecimento dos inquiridos sobre a tecnologia de produção do grão-de-bico.

As características dos inquiridos, como a educação, a experiência agrícola, a participação social, o rendimento anual, a exposição aos meios de comunicação social, a capacidade de inovação, a orientação científica, a orientação para o risco, a potencialidade de irrigação e a intensidade da cultura foram positiva e significativamente associadas aos conhecimentos dos agricultores sobre a tecnologia de produção de grão-de-bico.

A relação entre os conhecimentos dos agricultores sobre a tecnologia de produção de grão-de-bico e a sua idade e dimensão da propriedade fundiária não foi significativa.

6.2.5 Associação entre as características seleccionadas dos produtores de grão-de-bico e o seu grau de adoção da tecnologia de produção de grão-de-bico

As características do inquirido, ou seja, a participação na extensão e o índice de rendimento, tiveram uma relação positiva e altamente significativa com o grau de adoção da tecnologia de produção de grão-de-bico pelos inquiridos.

As características dos inquiridos, como a educação, a experiência agrícola, a participação social, o rendimento anual, a exposição aos meios de comunicação social, a capacidade de inovação, a orientação científica, a orientação para o risco, a potencialidade de irrigação e a intensidade da cultura, foram positiva e significativamente relacionadas com o grau de adoção pelos agricultores da tecnologia de produção de grão-de-bico.

A relação entre o grau de adoção da tecnologia de produção de grão-de-bico pelos agricultores e a sua idade e dimensão da propriedade fundiária não foi significativa.

6.2.6 Constrangimentos enfrentados pelos produtores de grão-de-bico na adoção de medidas recomendadas

Tecnologia de produção de grão-de-bico

Dos 12 constrangimentos identificados na adoção da tecnologia de produção de grão-de-bico recomendada, os constrangimentos mais importantes enfrentados pelos produtores de grão-de-bico foram

1. Custo elevado dos factores de produção agrícola
2. Não disponibilidade de preços de mercado adequados para os produtos agrícolas
3. Baixa produção devido à infestação de pragas e doenças
4. Custo elevado da mão de obra
5. Falta de conhecimentos adequados sobre as variedades melhoradas
6. Destruição da cama de sementes por animais perigosos
7. Falta de conhecimentos sobre biofertilizantes
8. Falta de disponibilidade constante de eletricidade no momento da irrigação das culturas

6.2.7 Sugestões dos produtores de grão-de-bico para superar os obstáculos que enfrentam na adoção da tecnologia recomendada para a produção de grão-de-bico

Das 13 sugestões dadas pelos inquiridos para ultrapassar os constrangimentos na adoção da tecnologia de produção de grão-de-bico recomendada, as sugestões mais importantes expressas pelos inquiridos foram

1. O fornecimento de factores de produção deve ser subsidiado
2. Os produtos devem ser comprados pelo governo a um preço razoável
3. Fornecer conhecimentos técnicos sobre insecticidas, fungicidas e infestantes
4. Devem ser desenvolvidos projectos de captação de água para aumentar a disponibilidade de água para irrigação
5. Deve ser organizado um maior número de programas de formação a nível das aldeias
6. As instalações de vedação devem ser fornecidas a uma taxa subsidiada
7. Proporcionar instalações de mercado a nível das aldeias
8. As sementes de variedades melhoradas devem ser disponibilizadas a nível das aldeias
9. A informação sobre o mercado deve ser disponibilizada em tempo útil a nível das aldeias

6.2.8 Modelo empírico

O paradigma provisório foi desenvolvido no início da tese enquanto se chegava ao quadro concetual deste estudo (Fig. 1 e 2). Agora, a forma final do paradigma, baseada nos resultados deste estudo, é apresentada nas Figuras 22 e 23, que mostram a relação entre as variáveis independentes dos inquiridos e o seu conhecimento e adoção da tecnologia de produção de grão-de-bico.

Variável independente

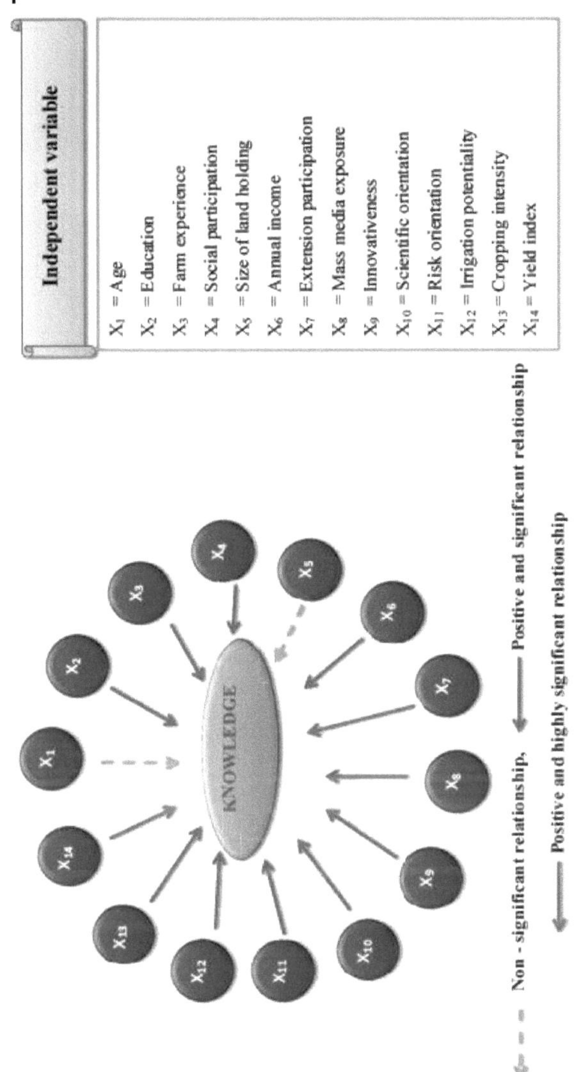

Fig. 22: Relação entre as características seleccionadas dos inquiridos e o seu grau de conhecimento sobre a tecnologia de produção de grão-de-bico (O paradigma final)

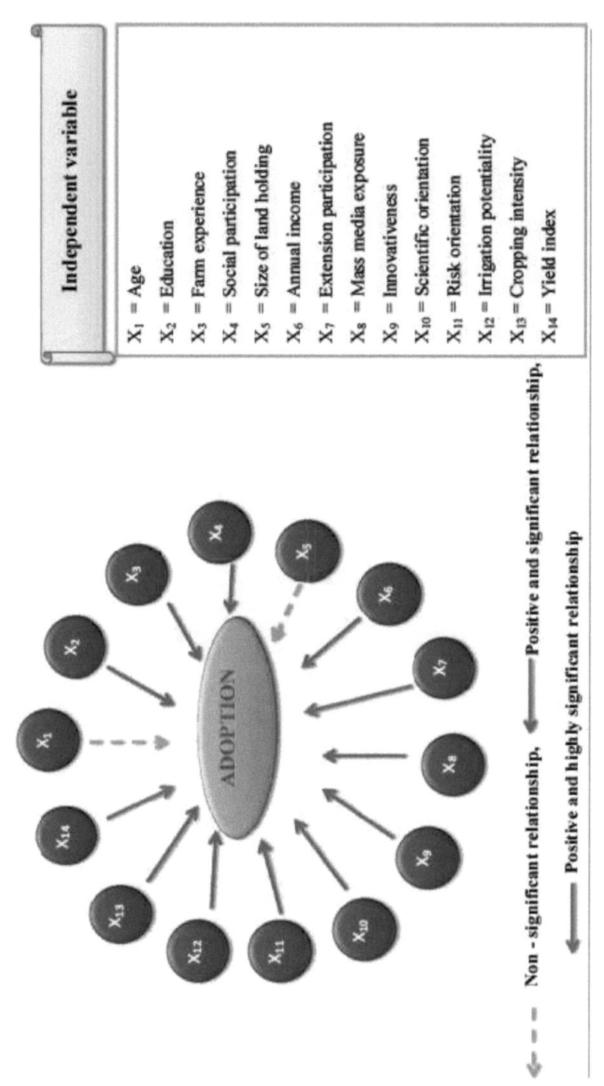

Fig. 23: Relação entre as características seleccionadas dos inquiridos e o seu grau de adoção da tecnologia de produção de grão-de-bico (O paradigma final)

6.3 IMPLICAÇÕES

1. O estudo facilitou o conhecimento das características dos produtores de grão-de-bico, o que servirá de orientação para os planeadores e agências de extensão no planeamento e implementação da tecnologia de produção de grão-de-bico recomendada noutras áreas.

2. Os extensionistas e os investigadores podem utilizar o teste de conhecimentos e o índice de adoção construídos neste estudo para medir o nível de conhecimentos dos produtores de grão-de-bico e o grau de adoção da tecnologia de produção recomendada para o grão-de-bico, especialmente durante a realização de programas de formação na área de cultivo do grão-de-bico.

3. Como se discutiu o conhecimento e a adoção da tecnologia de produção de grão-de-bico recomendada, bem como as sugestões para ultrapassar os constrangimentos, foram sugeridas algumas medidas emergentes deste estudo para aumentar a produção de grão-de-bico por unidade da área. O pessoal de extensão deve fazer uso do nível de conhecimento sobre diferentes aspectos da tecnologia de produção recomendada para o grão-de-bico, ao conduzir programas de formação de produtores de grão-de-bico em geral e particularmente nesta área.

4. Para melhorar o conhecimento dos inquiridos sobre as práticas recomendadas para o grão-de-bico, as agências de extensão devem envidar mais esforços para fazer sobressair as características positivamente relacionadas, como a educação, a participação social, o rendimento anual, a participação na extensão, a exposição aos meios de comunicação social, a inovação, a orientação científica, a orientação para o risco, a potencialidade de irrigação e o índice de rendimento, por ordem de prioridade.

5. Para melhorar a adoção pelos inquiridos da tecnologia recomendada para a produção de grão-de-bico, as agências de extensão devem envidar mais esforços para fazer sobressair as características positivamente relacionadas, como a educação, a experiência agrícola, a participação social, o rendimento anual, a participação na extensão, a exposição aos meios de comunicação social, a inovação, a orientação científica, a orientação para o risco, a potencialidade da irrigação e o índice de rendimento, por ordem de prioridade.

6. Para aumentar o conhecimento dos produtores de grão-de-bico e a adoção da tecnologia de produção recomendada para o grão-de-bico, os agricultores devem ser facilitados e motivados a participar em actividades de extensão para aumentar os seus conhecimentos técnicos mais recentes. Também devem ser aconselhados a participar mais ativamente nas organizações sociais.

7. Para prestar um apoio adequado à investigação, os cientistas que trabalham no domínio da investigação do grão-de-bico devem ter em conta os problemas dos inquiridos, que os impedem de adotar a tecnologia de produção de grão-de-bico recomendada. Os investigadores do grão-de-bico podem planear o aumento da adoção da tecnologia de produção de grão-de-bico recomendada em conformidade, o que seria útil para resolver os problemas dos agricultores. Os cientistas podem considerar os problemas dos inquiridos no trabalho de investigação que os impedem de adotar a tecnologia de produção de grão-de-bico recomendada.

8. Os preços remuneradores do grão-de-bico devem ser postos à disposição dos agricultores através da declaração do preço de apoio. O mecanismo de retorno de informação deve ser reforçado para transmitir os problemas dos agricultores à estação de investigação, com vista à sua resolução.

9. A escassez de água foi um dos principais problemas para os inquiridos durante esta investigação. Por isso, os governos deveriam pensar nisso e desenvolver projectos de captação

de água nessa área.

6.4 SUGESTÕES PARA INVESTIGAÇÃO FUTURA

O presente estudo aponta para novos domínios em que é necessário prosseguir o trabalho de investigação, alguns dos quais são os seguintes

A área de investigação pode ser alargada e a dimensão da amostra de inquiridos também pode ser aumentada para se chegar a conclusões mais válidas e generalizadas. Podem também ser efectuados estudos semelhantes em diferentes áreas.

Além disso, com base neste estudo, a perceção sobre a tecnologia de produção de grão-de-bico recomendada e as necessidades de formação dos inquiridos sobre a tecnologia de produção de grão-de-bico recomendada também podem ser realçadas.

Algumas características dos inquiridos, para além das consideradas neste estudo, podem estar a afetar o conhecimento e a adoção da tecnologia de produção de grão-de-bico. Estas características podem ser identificadas e a sua relação com o conhecimento e a adoção dos inquiridos pode ser determinada.

BIBLIOGRAFIA

Ali, M. 2002. Pulses production scenario in India: Present status and future strategies. In: Brochura publicada por ocasião do curso de curta duração sobre "Recent advances in methods of improvement of pulse crops" no Indian Institute of Pulse Research, Kanpur.

Anónimo. 2011. Topography in Gujarat (Topografia em Gujarat). Disponível em https://www.mapsofindia.com/gujarat/geography/topography.html acedido em 15 de março de 2019.

Anónimo. 2018a. Área, produção e rendimento de grão-de-bico por distrito e zona colheita no estado de Gujarat para o ano de 2017-18. Direção de Economia e Estatística, Departamento de Agricultura e Cooperação, GI.

Anónimo. 2018b. Relatório final da área de cultivo de grão-de-bico em taluka wise cultivo durante a época *rabi* 2017-18. Departamento Distrital de Agricultura, Junagadh.

Athwale, P. B. 2009. Conhecimento e adoção de ervilha-de-angola recomendada tecnologia de cultivo pelos produtores de ervilha-de-angola do distrito de Sabarkantha. Dissertação de Mestrado (Agri). Tese (Não publicada). S.D.A.U., Sardar Krushinagar.

Basanayak, R. 2009. Uma análise da lacuna tecnológica na produção de papaia em Bidar e Gulbarga, distritos do Norte de Karnataka. Dissertação de Mestrado (Agri). Tese (Não publicada). U.A.S., Dharwad.

Bharad, N. D. 2007. Entrepreneurial behaviour of mango growers of *Gir* area of Gujarat state. Tese de doutoramento (Agri). Tese (não publicada). J.A.U., Junagadh.

Bora, S. P. 1986. Management attributes of farmers as related to profitability in farming. Tese de doutoramento (Agri). Tese (não publicada). B.C.K.V., Bengala Ocidental.

Borole, P. Y. 2010. Atitude dos produtores de arroz demonstrada em relação à técnica SRI da cultura do arroz. Dissertação de Mestrado (Agri). Tese (Não publicada). A.A.U., Anand.

Chandavat, M. S.; Sharma, P. K. e Parmar, A. B. 2012. Grau de adoção de práticas de cultivo melhoradas da cultura da grama e constrangimentos enfrentados pelos agricultores do distrito de Kheda. *Gujarat Journal of Extension Education.* **13:** 26-29.

Chandel, R. S. 1975. A handbook of Agricultural Statistics. Achal Prakashan Mandir, Kanpur.

Chander, S.; Nand, H. e Sharma, K. P. 2009. Knowledge, adoption and yield level of groundnut production technology (Conhecimento, adoção e nível de rendimento da tecnologia de produção de amendoim). *Journal of International Agriculture and Extension Education.* **16(2):** 18-21.

Chauhan, N. B. 2008. Reforço das capacidades dos agricultores através da formação em práticas de agricultura biológica no distrito de Surendranagar, Gujarat. Dissertação de Mestrado (Agri). Tese (não publicada). J.A.U., Junagadh.

Chavda, D. A. 2005. Conhecimento dos produtores de algodão Bt. sobre as características distintivas do algodão Bt. Dissertação de Mestrado (Agri). Tese (Não publicada). J.A.U., Junagadh.

Chavda, M. G. 2007. Conhecimento e adoção de tecnologia pós-colheita da cultura do amendoim na zona agro-climática de Saurashtra do Sul do estado de Gujarat. Doutoramento (Agri). Tese (Não publicada). J.A.U., Junagadh.

Chavda, V. N. 2006. A perceção dos agricultores sobre a utilidade do sistema de extensão agrícola. Doutoramento (Agri). Tese (não publicada). J.A.U., Junagadh.

Dalsaniya, A. M. 2010. Conhecimento e adoção pelos produtores de sésamo *kharif da* tecnologia recomendada para a produção de sésamo *kharif.* Dissertação de Mestrado (Agri). Tese (Não publicada). J.A.U., Junagadh.

Datta, K. 2018. Conhecimento e adoção de agricultores sobre práticas de produção de romã na região de Saurashtra. Dissertação de Mestrado (Agri). Tese (Não publicada). J.A.U., Junagadh.

Dhakad, S. K. 2016. Um estudo sobre as necessidades de formação dos produtores de grão-de-bico no bloco de Morena do distrito de Morena. Dissertação de Mestrado (Agri). Tese (Não publicada). R.V.S.K.V.V., Gwalior.

Divakar, U. K. 2011. Comportamento de adoção dos produtores de grão-de-bico no distrito de Kaushamabi. Dissertação de Mestrado (Agri). Tese (não publicada). M.P.K.V., Rahuri.

Dixit, G. P. 2017. Relatório anual do AICRP sobre o grão-de-bico. Instituto Indiano de Investigação de Leguminosas, Kanpur.

Garret, H. E. 1967. Statistics in psychology and education. Paragon International Publishers, Bombaim.

Geetahkutty, P. S. 1993. Comportamento de utilização de fertilizantes pelos produtores de arroz em Kerala. Tese de doutoramento (Agri). Tese (não publicada). K.A.U., Thrissur, Kerala.

Gohil, G. R. 2010. Gestão de crises adoptada pelos produtores de algodão da zona agro-climática de South Saurashtra. Tese de doutoramento (Agri). Tese (não publicada). J.A.U., Junagadh.

Gorfad, P. S. 2012. Perceção dos agricultores e adoção de tecnologia de produção de amendoim. Doutoramento (Agri). Tese (não publicada). J.A.U., Junagadh.

Hadiya, B. B. 2013. Conhecimento e adoção de práticas recomendadas de amendoim *kharif* na zona sul de Saurashtra do estado de Gujarat. Dissertação de Mestrado (Agri). Tese (Não publicada). J.A.U., Junagadh.

Humbal, U. N. 2012. Conhecimento e adoção de mamona como cultura intercalar com amendoim na zona agroclimática de South Saurashtra de Gujarat. M.Sc. (Agri). Tese (Não publicada). J.A.U., Junagadh.

Invati, M. 2012. Estudo sobre as necessidades de formação dos produtores de grão-de-bico no bloco de Baihar do distrito de Balaghat. Mestrado (Agri). Tese (Não publicada). C.O.A., Jabalpur.

Jadav, N. B. 2005. Capacidade de gestão dos produtores de manga relativamente ao cultivo científico de pomares de manga. Tese de doutoramento (Agri). Tese (não publicada). J.A.U., Junagadh.

Jadeja, M. K. 2008. Conhecimentos indígenas e científicos dos agricultores sobre a utilização do nim no distrito de Junagdh em Gujarat. Dissertação de Mestrado (Agri). Tese (Não publicada). J.A.U., Junagadh.

Jatapara, A. C.; Soni, N. V. e Vyas, B. H. 2017. Restrições enfrentadas pelos produtores de grama na adoção de práticas de cultivo melhoradas da cultura de grama. *Gujarat Journal of Extension Education,* **28(1):** 152-154.

Jha, P. N. e Singh, K. N. 1970. A test to measure farmers' knowledge about high yielding variety programme, *Journal of Interdiscipline,* **7(1):** 65-78.

Joshi, P. I. 2004. Grau de conhecimento e adoção pelos agricultores de práticas modernas de algodão na zona de Bhal. Dissertação de Mestrado (Agri). Tese (Não publicada). G.A.U., Anand.

Kamani, A. B. 2007. Um paradigma quintessencial de um paradigma quintessencial de agricultura biológica em relação à adoção de agricultores biológicos em Saurashtra. Dissertação de Mestrado (Agri). Tese (Não publicada). J.A.U., Junagadh.

Kangali, S. 2012. Um estudo sobre o impacto da demonstração de linha de frente do grão-de-bico no distrito de Sehore. Mestrado (Agri). Tese (não publicada). R.A.K.C.O.A. Sehore.

Karim, M. F. e Fattah, Q. A. 2006. Alterações nos componentes biológicos do grão-de-bico (*Cicer arietinum* L.) pulverizado com naftenato de potássio e ácido acético nafténico. *Bangladesh Journal of Botany*, **35(1):** 39-43.

Kerlinger, F. N. 1969. Foundation of behavioural research Holt, Rinchart and Winston. Inc., Nova Iorque.

Khodifad, P. B. 2010. Sustentabilidade do sistema de cultivo baseado em amendoim da zona agro-climática de South Saurashtra do estado de Gujarat. Doutoramento (Agri). Tese (não publicada). J.A.U., Junagadh.

Koli, M. A. 2012. Conhecimento e adoção de tecnologia de produção de coco no distrito de Junagadh do Estado de Gujarat. M.Sc. (Agri). Tese (Não publicada). J.A.U., Junagadh.

Kumbhani, S. R. 2009. Conhecimento e adoção de tecnologia de produção de coentros. Dissertação de Mestrado (Agri). Tese (Não publicada). J.A.U., Junagadh.

Lohare, R. 2017. Um estudo sobre o conhecimento e a adoção de tecnologia de produção de grão-de-bico entre os agricultores do bloco Tirla do distrito de Dhar. Dissertação de Mestrado (Agri). Tese (Não publicada). R.V.S.K.V.V., Gwalior.

Makwana, A. R. 2005. Necessidades de informação e restrições de comercialização dos produtores de banana. Dissertação de Mestrado (Agri). Tese (Não publicada). A.A.U., Anand.

Markana, J. G. 2015. Lacuna tecnológica na cultura do amendoim na zona agroclimática de South Saurashtra. M.Sc. (Agri). Tese (Não publicada). J.A.U., Junagadh.

Mavani, D. B. 2012. Necessidades de formação dos produtores de amendoim do distrito de Junagadh na zona agro-climática de South Saurashtra. Dissertação de Mestrado (Agri). Tese (Não publicada). J.A.U., Junagadh.

Neethi e Sailaja. 2013. Extensão da adoção de tecnologias de produção de algodão pelos agricultores em Andhra Pradesh. *Jornal Indiano de Investigação Social* **2(11):** 21-24.

Pandya, C. D. e Pandya, R. D. 2008. Desenvolvimento e normalização de uma escala para medir o estatuto socioeconómico dos agricultores. *Gujarat Journal of Extension Education,* **12(4):** 7-14.

Parmar, P. B. 2006. Um estudo sobre os conhecimentos e a adoção pelos produtores de arroz das tecnologias recomendadas para a produção de arroz em Khambhat taluka do distrito de Anand. Tese de Mestrado (Agri). Tese (Não publicada). A.A.U., Anand.

Patel, A. C. 2006. Dinâmica de adoção dos produtores de ervilha-de-angola em relação à tecnologia de gestão integrada de pragas de Vadodra do estado de Gujarat, Ph.D. (Agri). Tese (Não publicada). S.D.A.U., Sardar Krushinagar.

Patel, B. D. 2005. Um estudo sobre a adoção da tecnologia recomendada para a produção de malagueta no distrito de Vadodara, no estado de Gujarat. Dissertação de Mestrado (Agri). Tese (Não publicada). A.A.U., Anand.

Patel, J. B.; Joshi, K. M. e Sukhdia, A. G. 2008. Factores que influenciam o nível de conhecimento dos produtores de algodão sobre a gestão integrada das pragas. *Gujarat Journal of Extension Education,* **3(1):** 58-61.

Patel, J. V. 2016. Desenvolvimento de escala de atitude e verificação das mudanças tecno-económicas dos produtores de algodão em relação ao sistema de irrigação por gotejamento na região de Saurashtra. M.Sc. (Agri). Tese (Não publicada). J.A.U., Junagadh.

Patel, M. M.; Khatediya, R.S. e Chatterjee. 2002. Correlatos do conhecimento da tecnologia de produção de cana-de-açúcar. *Gujarat Journal of Extension Education* **XII & XIII:** 18-21.

Patel, R. C.; Chauhan, N. B. e Patel, D. J. 2003. Adoption behaviour of hybrid tobacco growers in Kheda and Anand district of Gujarat state paper presented in National Symposium on Tobacco in January 23-25, 2003 at Guntur (A.P.).

Patidar, D. 2002. A study on knowledge and adoption behaviour of chickpea growers in Ashta district of Madhya Pradesh. Dissertação de Mestrado (Agri). Tese (Não publicada). R.A.K.C.O.A., Sehore.

Rabari, S. N. 2006. Um estudo sobre a adoção da tecnologia recomendada para o tomate pelos produtores de tomate no distrito de Anand, no estado de Gujarat. Dissertação de Mestrado (Agri). Tese (Não publicada). A.A.U., Anand.

Rajput, Y. S. 2010. Um estudo sobre o conhecimento e o comportamento de adoção dos produtores de grão-de-bico no distrito de Sehore de Madhya Pradesh. Dissertação de Mestrado (Agri). Tese (Não publicada). R.A.K.C.O.A., Sehore.

Ramsey, C. E.; Polson, R. A. e Spender, G. E. 1959. Values and adoption of practices, *Rural Sociology*, **24**: 35-47

Rathod, J. J. 2009. Um estudo sobre a adoção das medidas de proteção fitossanitária recomendadas pelos produtores de malagueta no distrito de Anand, no estado de Gujarat. Dissertação de Mestrado (Agri). Tese (Não publicada). A.A.U., Anand.

Rathore, P. S. e Sharma, S. K. 2003. Scientific pulse production, Yash Publishing House, Bikaner, Rajasthan. Pp. 92.

Raviya, P. B. 2017. Conhecimento e adoção de agricultores sobre práticas de produção de algodão recomendadas pela GAU e JAU no distrito de Junagadh. M.Sc. (Agri). Tese (Não publicada). J.A.U., Junagadh.

Sahoo, M. K. 2004. Conhecimento e adoção de práticas ecológicas seguidas pelos produtores de amendoim da zona sul de Suarasthra do estado de Gujrat. Dissertação de Mestrado (Agri). Tese (Não publicada). J.A.U., Junagadh.

Sangada, A. M. 2015. Necessidades de informação dos produtores de amendoim na zona agroclimática de South Saurashtra. M.Sc. (Agri). Tese (Não publicada). J.A.U., Junagadh.

Sangeetha V.; Prasad, S. V. e Venkatesh, M. 2009. Knowledge of cotton growers in the recommended package of practices of cotton cultivation. *Indian Journal of Extension Education,* **45(3&4):** 7-10.

Satasiya, S. D. 2008. Impacto da demonstração na linha da frente da tecnologia de produção de rícino no conhecimento e no nível de adoção dos produtores de rícino no distrito de Junagadh do Estado de Gujarat. Dissertação de Mestrado (Agri). Tese (Não publicada). J.A.U., Junagadh.

Savaliya, V. J. 2007. Determinação da eficácia da revista agrícola *Krishi Jivan.* Doutoramento (Agri). Tese (Não publicada). J.A.U., Junagadh.

Shitre, V. R. 2010. Um estudo sobre a adoção da tecnologia de produção recomendada de batata pelos produtores de batata no distrito de Anand, no estado de Gujarat. Dissertação de Mestrado (Agri). Tese (Não publicada), A.A.U., Anand.

Siddaramaiah, B. S. e Jalihal, K. A. 1983. A Scale to measure extension participation of Farmers (Uma escala para medir a participação dos agricultores na extensão). *Indian Journal of Extension Education,* **19(3&4):** 76.

Singh, A. K. 1981. Um estudo de algumas variáveis agro-económicas, sócio-psicológicas e de comunicação relacionadas com o nível de utilização de fertilizantes pelos agricultores. Tese de doutoramento (Agri). Tese (Não publicada). B.C.K.V., Bengala Ocidental.

Singh, B. 2007. Conhecimento e adoção pelos produtores de tabaco da tecnologia de produção de tabaco recomendada no distrito de Anand do estado de Gujarat. Dissertação de Mestrado (Agri). Tese (Não publicada). A.A.U., Anand.

Singh, K. 1977. A study of neo marginal farmer's situation and socio-economic impact of new agricultural technology. Tese de doutoramento (Agri). Tese (não publicada). I.A.R.I., Nova Deli.

Solanki, G. S. 2011. Lacuna tecnológica na adoção de práticas recomendadas de produção de grão-de-bico no bloco Ashta do distrito de Sehore. Dissertação de Mestrado (Agri). Tese (Não publicada). R.A.K.C.O.A., Sehore.

Subramanium, K. 1986. Comportamento de comunicação dos agricultores tribais - uma análise de sistema. Dissertação de Mestrado (Agri). Tese (Não publicada). G.A.U., Sardar krushinagar.

Sullivan, M. 2012. Informed Decision Using Data. Person Publication, U.S.A. Pp: 128-145.

Supe, S. V. 1969. Factores relacionados com diferentes graus de racionalidade na tomada de decisões entre agricultores do distrito de Buldana. Tese de doutoramento (Agri). Tese (não publicada). I.A.R.I., Nova Deli.

Tavethiya, B. H. 2006. Conhecimentos dos produtores de cominhos e adoção de tecnologias de produção de cominhos. Dissertação de Mestrado (Agri). Tese (não publicada). J.A.U., Junagadh.

Trivedi, M. K. 2009. Práticas de gestão de crises adoptadas no cultivo de cominhos pelos agricultores do norte de Gujarat. Tese de doutoramento (Agri). Tese (Não publicada). Y.C.M.O.U., Nashik.

Umretiya, K. 2015. Um estudo comparativo sobre a adoção de variedades melhoradas de grão-de-bico no distrito de Indore de Madhya Pradesh. Dissertação de Mestrado (Agri). Tese (Não publicada). R.V.S.K.V.V., Gwalior.

Vasava, J. M. 2005. Conhecimento e adoção da tecnologia de produção de feijão bóer recomendada pelos produtores de feijão bóer. Dissertação de Mestrado (Agri). Tese (Não publicada). A.A.U., Anand.

Verma, K. L. 2009. Um estudo sobre a extensão da adoção da tecnologia de cultivo de grama no bloco Panagar do distrito de Jabalpur. Dissertação de Mestrado (Agri). Tese (Não publicada). J.N.K.V.V., Jabalpur.

Horário da entrevista
"CONHECIMENTO E ADOPÇÃO PELOS AGRICULTORES DA TECNOLOGIA DE PRODUÇÃO DE GRÃO-DE-BICO NO DISTRITO DE JUNAGADH"
PARTE I
CARACTERÍSTICAS SELECCIONADAS DO AGRICULTOR

N.º do inquirido Data da entrevista

Nome do agricultor

Aldeia Taluka   Distrito

1. Idade

2. Nível de educação

-	Analfabeto	Literacia funcional	Escola primária
-	Ensino médio	Ensino secundário	Faculdade/Pós-graduação

3. Experiência agrícola

Anos de experiência agrícola

4. Participação social

É membro de alguma organização social? Em caso afirmativo, indique os pormenores.

Sr. Não.	Organização	Posição		Participação em actividades		
		Membro	Posição	Regular	Ocasionalmente	Nunca
	Pontuação	(1)	(2)	(2)	(1)	(0)
(A)	Em Village					
1	Gram Panchayat					
2	LeiteCooperativa Sociedade					
3	Cooperativa de serviços Sociedade					
4	Clube de jovens					
5	Clube de Agricultores					
(B)	Aldeia exterior					
1	Taluka Panchayat					
2	Distrito Panchayat					
3	Sindicato/Clube de Agricultores					
4	Pátio do mercado					
5	Outros					

5. Dimensão da exploração agrícola

i. Regadio: ha.

ii. Sem irrigação: ha.

iii. Total: ha.

6. Rendimento anual

N.º Sr.	Categoria	Marca de seleção
1.	Acima de Rs. 2,00,000/- (5)	
2.	Rs. 1,50,000/- a Rs. 2,00,000/- (4)	
3.	Rs. 1,00,001/- a Rs. 1,50,000/- (3)	
4.	Rs. 50,001/- a Rs. 1,00,000/- (2)	
5.	Até Rs. 50.000/- (1)	

7. Participação na extensão

Qual é a sua opinião sobre as actividades de extensão relacionadas com a agricultura?

N.º Sr.	Nome das actividades de extensão	Sim/Não	Ponderação
1.	Já efectuou demonstrações no seu terreno?		9.50
2.	Falou com os extensionistas?		6.84
3.	Participou em dias de campo nos campos dos agricultores?		6.63
4.	Participa nas reuniões de extensão?		6.60
5.	Já viu o terreno de demonstração do seu vizinho e discutiu com ele		6.16
6.	Visita o Krishi mela?		4.84
7.	Já visitou alguma exposição agrícola?		2.79
8.	Já leu as publicações da extensão?		1.89
9.	Ouvir programas de rádio sobre agricultura		1.50
10.	Ver programas de televisão sobre agricultura		1.50

8. Exposição nos meios de comunicação social

Com que frequência utiliza os seguintes meios de comunicação social para a cultura do grão-de-bico?

Sr. Não.	Exposição nos meios de comunicação social	Regularmente (3)	Frequentemente (2)	Uma vez em uma semana (1)	De modo algum (0)
1.	Rádio				
2.	Televisão				
3.	Jornal				
4.	Literatura impressa				
5.	Agril. Exposição				
6.	Demonstração				
7.	Nível universitário (KVK)				
8.	Linha de apoio n.º 1551				
9.	Qualquer outro				

9. Inovação

Quando é que prefere adotar as novas práticas recomendadas de produção de grão-de-bico na agricultura?

N.º Sr.	Item	Marca de seleção
1.	Prefiro esperar e levar o meu próprio tempo (1)	
2.	Depois de o ter experimentado na minha própria quinta (2)	
3.	Depois de ver outros agricultores a utilizá-lo com sucesso (3)	
4.	Depois de ver uma demonstração com melhores resultados (4)	
5.	Logo que seja do meu conhecimento (5)	

10. Orientação científica

Dê a sua opinião sobre as seguintes afirmações

Sr. Não.	Declaração	SA	A	UD	DA	SDA
1. (+)	Os novos métodos de cultivo dão melhores resultados a um agricultor do que os métodos antigos.					
2. (+)	Mesmo os agricultores com muita experiência devem utilizar novos métodos de cultivo.					
3. (+)	Embora leve tempo para um agricultor aprender novos métodos de cultivo, vale a pena o esforço.					
4. (+)	Um bom agricultor experimenta novas ideias na agricultura.					
5. (+)	Os métodos tradicionais de agricultura têm de ser alterados a fim de aumentar o nível de vida dos agricultores.					
6. (-)	A forma como os antepassados do agricultor cultivavam continua a ser a melhor forma de cultivar atualmente.					

11. Orientação para o risco

Dê a sua opinião sobre as seguintes afirmações

Sr. Não.	Declaração	SA	A	UD	DA	SDA
1. (+)	Um agricultor deve preferir correr mais riscos para obter um grande lucro do que contentar-se com um lucro mais pequeno, mas menos arriscado.					
2. (+)	Um agricultor que esteja disposto a correr mais riscos do que o agricultor médio, geralmente tem melhores resultados financeiros.					
3. (+)	É bom para um agricultor correr riscos quando sabe que as suas hipóteses de sucesso são bastante elevadas.					
4. (+)	A experimentação de um método totalmente novo na agricultura por um agricultor envolve riscos, mas vale a pena fazê-lo.					
5.	Um agricultor deve cultivar um grande número de					

| (-) | culturas para evitar os maiores riscos inerentes a uma ou duas culturas. | | | | |
| **6.** (-) | É preferível que um agricultor não experimente um novo método agrícola, a menos que a maioria dos outros agricultores o tenha utilizado com êxito. | | | | |

12. Potencialidade de irrigação

Assinalar a fonte de irrigação disponível

N.º Sr.	Fonte de irrigação	Período de disponibilidade de água		
		Durante todo o ano (2)	Parcial (1)	Nunca (0)
1.	Poço (1)			
2.	Canal (2)			
3.	Poço +Canal (3)			
4.	Poço de perfuração (4)			
5.	Barragem de controlo (5)			
	Total			

13. Intensidade da cultura

Qual é a área total de cultivo no seu campo?

Área cultivada durante o ano passado em várias estações

N.º Sr.	Época	Culturas	Área cultivada
1.	*Rabi*		
2.	*Zaid*		
3.	*Quaresma*		
		Superfície cultivada líquida	

14. Índice de rendimento

Qual é o rendimento do grão-de-bico na sua parcela em anos normais?

PARTE II

NÍVEL DE CONHECIMENTO DO INQUIRIDO SOBRE O GRÃO-DE-BICO TECNOLOGIA DE PRODUÇÃO NO DISTRITO DE JUNAGADH

Sr. Não.	Declarações	Sim	Não
(1)	**Preparação do terreno:**		
1.	Para uma maior produção de grama, que tipo de solo é mais adequado Pesado/ Médio/ Leve		
2.	Que tipo de sementeira é adequado para o cultivo de gramíneas? Com torrões / sem torrões		
3.	Dar o tempo necessário para a preparação do terreno.		
4.	Quantas lavouras são adequadas para a preparação do terreno?		
5.	Quantas toneladas de FYM devem ser misturadas no solo aquando da preparação do terreno?		
(2)	**Variedade melhorada:**		

6.	Tem conhecimento das variedades melhoradas produzidas pela Universidade Agrícola?		
7.	Nome das variedades melhoradas de grão-de-bico		
8.	Que variedade de grão-de-bico é adequada para condições de regadio?		
(3)	**Taxa de sementeira:**		
9.	Dar a dose recomendada de taxa de sementes para grão-de-bico.		
(4)	**Tratamento de sementes:**		
10.	Indicar o nome de um fungicida que pode ser utilizado como tratamento de sementes		
11.	Dose recomendada de aplicação de fungicida para o tratamento de sementes.		
(5)	**Biofertilizante:**		
12.	Sabe qual é o biofertilizante adequado para as sementes? tratamento?		
13.	Conhece o biofertilizante líquido da marca "SAWAJ"?		
14.	Indicar o nome de dois biofertilizantes líquidos que podem ser aplicados no tratamento de sementes		
15.	Qual é o momento adequado para a aplicação do biofertilizante Rhizobium para o tratamento de sementes? Antes do fungicida/ Depois do fungicida		
16.	Indicar a dose recomendada de Rhizobium líquido e PSM para o tratamento de sementes. Para Rhizobium: , Para PSM:		
(6)	**Época de sementeira:**		
17.	Qual será o efeito no rendimento se a grama for semeada tardiamente?		
18.	Qual é a época mais adequada para a sementeira?		
19.	O frio intenso/geada são prejudiciais para a grama. Verdadeiro / Falso		
20.	Tem conhecimento das previsões meteorológicas na altura da sementeira do grão-de-bico?		
(7)	**Espaçamento:**		
21.	Qual é o espaçamento adequado entre duas linhas para o grão-de-bico irrigado?		
(8)	**Aplicação de fertilizantes químicos:**		
22.	Em que altura deve ser aplicado o fertilizante em gramas? No momento da sementeira / após a sementeira.		
23.	Recomendação de N2kg/ha Recomendação de Pkg/ha Recomendação de S kg/ha (S solo deficiente)		
24.	Quantos kg de DAP são necessários para uma área de um		

	hectare?		
(9)	**Micronutriente e regulador do crescimento das plantas:**		
25.	Conhece algum micronutriente que seja adequado para a cultura do grão-de-bico?		
26.	Indicar a taxa de $ZnSo_4$ para a sua aplicação		
27.	Conhece algum regulador de crescimento para a cultura do grão-de-bico?		
28.	Como aplicar o Brassinolide no grão-de-bico?		
(10)	**Monda e intercultura:**		
29.	Quantas interculturas são necessárias para o grão-de-bico?		
30.	Indicar o nome dos métodos de controlo das infestantes no grão-de-bico.		
31.	Indicar o nome de um herbicida frequentemente utilizado.		
(11)	**Controlo de pragas:**		
32.	Qual é a principal praga do grão-de-bico?		
33.	Conhece o HaNPV da marca "SAWAJ" para controlo de pragas?		
34.	Que pragas podem ser controladas pelo HaNPV?		
35.	Administrar a dose de HaNPV para aplicação no terreno.		
36.	Conhece a marca "SAWAJ" Beauveria para o controlo de pragas?		
37.	Qual é a dose de Sawaj-Beauveria para o controlo eficaz da heliothis? por bomba com autocolante.		
38.	A armadilha com feromonas é adequada para o controlo da broca da vagem. Verdadeiro/falso		
39.	Quantas armadilhas devem ser colocadas numa área de um hectare para o controlo da broca da vagem?		
40.	A armadilha luminosa é adequada para o controlo da broca da vagem. Verdadeiro / falso		
41.	Indicar o nome dos insecticidas para a luta contra a broca das vagens.		
42.	Para um controlo eficaz da broca da vagem, qual deve ser o intervalo de tempo entre as duas pulverizações?		
43.	Indicar o nome de um inseticida botânico		
(12)	**Controlo de doenças:**		
44.	Indicar o nome das principais doenças que afectam a cultura do grão-de-bico		
45.	Indicar o nome da variedade resistente à murchidão.		
46.	A murchidão é que tipo de doença? Transmitida pelo solo / transmitida pela semente.		

47.	O tratamento de sementes com fungicida é adequado para o controlo da murchidão. Sim / Não.		
48.	Conhece a marca "SAWAJ" Trichoderma para um controlo eficaz das doenças transmitidas pelo solo?		
49.	Qual é a dose de Trichoderma para aplicação no solo para controlo da murchidão?		
50.	Qual é o vetor responsável pela transmissão da doença do raquitismo no grão-de-bico?		
51.	Indicar o nome de um inseticida para o controlo do afídeo.		
(13)	**Irrigação:**		
52.	Para a cultura do grão-de-bico, quantas regas totais são recomendadas? 3/4/5		
53.	Indicar as duas principais fases críticas das necessidades hídricas do grão-de-bico .		
54.	Conhece a aplicação de rega por gotejamento na cultura do grão-de-bico?		
(14)	**Colheita:**		
55.	Indicar os dias de maturação da cultura do grão-de-bico.		
56.	Quantos dias são permitidos às plantas para secarem na eira antes da debulha ?		
(15)	**Armazenamento:**		
57.	Para armazenamento a longo prazo, qual é o contentor mais adequado?		
58.	Quais são as principais pragas durante o armazenamento do grão-de-bico?		
59.	Que produto químico é adequado para a fumigação?		
60.	Com que teor de humidade devem ser armazenados os grãos?		

PARTE III
NÍVEL DE ADOPÇÃO DO INQUIRIDO SOBRE O GRÃO-DE-BICO
TECNOLOGIA DE PRODUÇÃO NO DISTRITO DE JUNAGADH

Sr. Não.	Declarações	Nível de adoção		
		Completo (2)	**Parcial (1)**	**Não (0)**
(1)	**Preparação do terreno:**			
1.	Utiliza-se uma cama de sementes sem torrões para o cultivo do grão-de-bico?			
2.	Segue a época adequada de preparação da terra (1st quinzena de outubro) indicada pela Agril. Universidade?			
3.	Fazem 2-3 lavouras para a preparação da terra?			
4.	Aplica a farinha de trigo forrageiro no solo durante a			

	preparação do terreno?			
(2)	**Variedades melhoradas**			
5.	Utiliza variedades melhoradas de sementes?			
6.	Compram sementes à Agril. University?			
7.	Utiliza sementes certificadas?			
8.	Compra variedades melhoradas de sementes em função das suas diferentes características?			
9.	Selecciona a variedade de sementes com base nas condições de regadio ou de sequeiro?			
(3)	**Taxa de sementeira**			
10.	Segue a taxa de sementes recomendada pela Agril. University?			
11.	Aplica a taxa de sementes de acordo com a variedade de sementes?			
(4)	**Tratamento de sementes**			
12.	Aplica-se tratamento fungicida nas sementes antes da sementeira?			
13.	Aplica a dose recomendada de tratamento de sementes fornecida pela Agril. University?			
14.	Segue a tendência Fungicida-Inseticida-Biofertilizante, respetivamente, para o tratamento de sementes?			
(5)	**Biofertilizante**			
15.	Utiliza algum biofertilizante para aplicação nas sementes/solo?			
16.	Utiliza o biofertilizante líquido da marca "SAWAJ" produzido pela Universidade Agrícola de Junagadh?			
17.	Utiliza o biofertilizante líquido de rizóbio para o tratamento de sementes?			
18.	Segue a dose recomendada de biofertilizante dada pela Universidade Agrícola de Junagadh?			
(6)	**Época de sementeira**			
19.	Segue a época de sementeira recomendada pela Universidade Agrícola de Junagadh?			
20.	A época de sementeira é decidida com base nas previsões meteorológicas?			
(7)	**Espaçamento**			
21.	Seguir a recomendação de espaçamento dada por			
	Universidade Agrícola de Junagadh?			
(8)	**Aplicação de fertilizantes**			
22.	Aplica DAP como fertilizante na altura da sementeira?			
23.	As aplicações de fertilizantes são efectuadas de acordo com as recomendações das universidades agrícolas?			
(9)	**Micronutrientes e reguladores do crescimento das plantas**			
24.	Aplica micronutrientes no seu campo para o cultivo de grão-de-bico?			

25.	Aplica algum micronutriente de acordo com as recomendações das universidades agrícolas?			
26.	Utiliza algum regulador de crescimento vegetal para o cultivo de grão-de-bico?			
(10)	**Monda e intercultura**			
27.	Acompanha as operações de interculturalidade no seu domínio?			
28.	É feita uma monda manual para controlar as ervas daninhas?			
29.	Utiliza controlo químico para controlar as ervas daninhas?			
30.	Aplica o herbicida de acordo com as recomendações para um controlo eficaz das ervas daninhas?			
(11)	**Controlo de pragas**			
31.	Utiliza o HaNPV da marca "SAWAJ" desenvolvido pela Universidade Agrícola de Junagadh para o controlo eficaz da Heliothis?			
32.	Utiliza o HaNPV de acordo com a dose recomendada pela Universidade Agrícola de Junagadh?			
33.	Utiliza Beauveria para um controlo eficaz da Heliothis?			
34.	Compra-se Beauveria na Universidade Agrícola de Junagadh?			
35.	Aplica Beauveria de acordo com as recomendações dose dada pela Universidade Agrícola de Junagadh?			
36.	Utiliza armadilhas luminosas no seu campo para um controlo eficaz da broca das vagens?			
37.	Utiliza armadilhas com feromonas no seu campo para um controlo eficaz da broca das vagens?			
38.	Utiliza pesticidas/químicos para controlar as pragas?			
39.	Aplica pesticidas de acordo com a dose recomendada?			
40.	Utiliza algum produto botânico para controlar as pragas?			
(12)	**Controlo de doenças**			
41.	Utiliza variedades resistentes à murchidão para controlar a doença?			
42.	Aplica-se tratamento fungicida nas sementes para um controlo eficaz da murchidão?			
43.	Aplica trichoderma para um controlo eficaz das doenças transmitidas pelo solo?			
44.	Aplica tricoderma de acordo com a dose recomendada?			
45.	Utiliza algum produto químico para o controlo eficaz do afídeo responsável pela transmissão da doença do raquitismo?			
(13)	**Irrigação**			
46.	Aplica 3-4 irrigações para culturas de regadio?			
47.	Irriga a cultura na altura das fases críticas?			
48.	Utiliza rega gota a gota?			

(14)	Colheita			
49.	Tem em conta os sintomas de maturidade antes de efetuar a colheita?			
50.	Deixam secar a cultura colhida na eira durante 4-5 dias antes da debulha?			
(15)	Armazenamento			
51.	Utiliza tubos galvanizados para armazenamento a longo prazo?			
52.	Aplica fumigação/controlo químico para um controlo eficaz das pragas de armazenagem?			
53.	Os cereais são armazenados a 7-8 % de humidade?			

PARTE IV
CONSTRANGIMENTOS ENFRENTADOS PELO INQUIRIDO NA ADOPÇÃO DAS PRÁTICAS RECOMENDADAS PARA O GRÃO-DE-BICO

Indique os constrangimentos sentidos na adoção das recomendações para o grão-de-bico tecnologia de produção.

N.º Sr.	Restrições
1.	
2.	
3.	
4.	
5.	
6.	
7.	
8.	

PARTE V
SUGESTÕES APRESENTADAS PELO INQUIRIDO PARA ULTRAPASSAR OS CONDICIONALISMOS

Por favor, dê as suas sugestões para ultrapassar os constrangimentos relativos à produção de grão-de-bico tecnologia

N.º Sr.	Sugestões
1.	
2.	
3.	
4.	
5.	
6.	
7.	
8.	

Printed by Books on Demand GmbH, Norderstedt / Germany